U0394828

西湖龙井茶采摘和制作技艺

西湖龙井茶采摘和制作技艺

总主编 杨建新

浙江省非物质文化遗产代表作丛书

浙江摄影出版社

魏小平 蔡云超 主编

厉剑飞 编著

总 序

浙江省人民政府省长　夏宝龙

　　非物质文化遗产是人类历史文明的宝贵记忆，是民族精神文化的显著标识，也是人民群众非凡创造力的重要结晶。保护和传承好非物质文化遗产，对于建设中华民族共同的精神家园、继承和弘扬中华民族优秀传统文化、实现人类文明延续具有重要意义。

　　浙江作为华夏文明的发祥地之一，人杰地灵，人文荟萃，创造了悠久璀璨的历史文化，既有珍贵的物质文化遗产，也有同样值得珍视的非物质文化遗产。她们博大精深，丰富多彩，形式多样，蔚为壮观，千百年来薪火相传，生生不息。这些非物质文化遗产是浙江源远流长的优秀历史文化的积淀，是浙江人民引以自豪的宝贵文化财富，彰显了浙江地域文化、精神内涵和道德传统，在中华优秀历史文明中熠熠生辉。

　　人民创造非物质文化遗产，非物质文化遗产属于人民。为传承我们的文化血脉，维护共有的精神家园，造福子孙后代，我们有责任进一步保护好、传承好、弘扬好非物质文化遗产。这不仅是一种文化自觉，是对人民文化创造者的尊重，更是我们必须担当和完成好的历史使命。对我省列入国家级非物质文化遗产保护名录的项目一项一册，编纂"浙江省非物质文化遗产代表作丛书"，就是履行保护传承使命的具体实践，功在当代，惠及后世，有利于群众了解过去，以史为鉴，对优秀传统文化更加自珍、自爱、自觉；有利于我们面向未来，砥砺勇气，以自强不息的精神，加快富民强省的步伐。

党的十七届六中全会指出，要建设优秀传统文化传承体系，维护民族文化基本元素，抓好非物质文化遗产保护传承，共同弘扬中华优秀传统文化，建设中华民族共有的精神家园。这为非物质文化遗产保护工作指明了方向。我们要按照"保护为主、抢救第一、合理利用、传承发展"的方针，继续推动浙江非物质文化遗产保护事业，与社会各方共同努力，传承好、弘扬好我省非物质文化遗产，为增强浙江文化软实力、推动浙江文化大发展大繁荣作出贡献！

前　言

浙江省文化厅厅长　杨建新

　　"浙江省非物质文化遗产代表作丛书"的第二辑共计八十五册即将带着墨香陆续呈现在读者的面前，这些被列入第二批国家级非物质文化遗产保护名录的项目，以更加丰富厚重而又缤纷多彩的面目，再一次把先人们创造而需要由我们来加以传承的非物质文化遗产集中展示出来。作为"非遗"保护工作者和丛书的编写者，我们在惊叹于老祖宗留下的文化遗产之精美博大的同时，不由得感受到我们肩头所担负的使命和责任。相信所有的读者看了之后，也都会生出同我们一样的情感。

　　非物质文化遗产不同于皇家经典、宫廷器物，也有别于古迹遗存、历史文献。它以非物质的状态存在，源自于人民的生活和创造，在漫长的历史进程中传承流变，根植于市井田间，融入百姓起居，是它的显著特点。因而非物质文化遗产是生活的文化，百姓的文化，世俗的文化。正是这种与人民群众血肉相连的文化，成为中华传统文化的根脉和源泉，成为炎黄子孙的心灵归宿和精神家园。

新世纪以来，在国家文化部的统一部署下，在浙江省委、省政府的支持、重视下，浙江的文化工作者们已经为抢救和保护非物质文化遗产做出了巨大的努力，并且取得了丰硕的成果和令人瞩目的业绩。其中，在国务院先后公布的三批国家级非物质文化遗产名录中，浙江省的"国遗"项目数均名列各省区第一，蝉联三连冠。这是浙江的荣耀，但也是浙江的压力。以更加出色的工作，努力把优秀的非物质文化遗产保护好、传承好、利用好，是我们和所有当代人的历史重任。

编纂出版"浙江省非物质文化遗产代表作丛书"，是浙江省文化厅会同财政厅共同实施的一项文化工程，也是我省加强国家级非物质文化遗产项目保护工作的具体举措之一。旨在通过抢救性的记录整理和出版传播，扩大影响，营造氛围，普及"非遗"知识，增强文化自信，激发全社会的关注和保护意识。这项工程计划将所有列入国家级非物质文化遗产保护名录的项目逐一编纂成书，形成系列，每一册书介绍一个项目，从自然环境、起源发端、历史沿革、艺术表现、传承谱系、文化特征、保护方式等予以全景全息式的纪录和反映，力求科学准确，图文并茂。丛书以国家公布的"非遗"保护名录为依据，每一批项目编成一辑，陆续出版。本辑丛书出版之后，第三辑丛书五十八册也将于"十二五"期间成书。这不仅是一项填补浙江民间文化历史空白的创举，也是一项传承文脉、造福子孙的善举，更是一项需要无数人持久地付出劳动的壮举。

在丛书的编写过程中，无数的"非遗"保护工作者和专家学者们为之付出了巨大的心力，对此，我们感同身受。在本辑丛书行将出版之际，谨向他们致上深深的鞠躬。我们相信，这将是一件功德无量的大好事。可以预期，这套丛书的出版，将是一次前所未有的对浙江非物质文化遗产资源全面而盛大的疏理和展示，它不但可以为浙江文化宝库增添独特的财富，也将为各地区域发展树立一个醒目的文化标志。

时至今日，人们越来越清醒地认识到，由于"非遗"资源的无比丰富，也因为在城市化、工业化的演进中，众多"非遗"项目仍然面临岌岌可危的境地，抢救和保护的重任丝毫容不得我们有半点的懈怠，责任将驱使着我们一路前行。随着时间的推移，我们工作的意义将更加深远，我们工作的价值将不断彰显。

2012年5月

目录

西湖龙井茶是杭州城市历史的重要组成部分

中国是茶的故乡，杭州是中国茶历史的重要见证者。杭州自隋开皇九年（589年）设立时，就已经有茶叶种植。一千四百多年来，杭州与茶结下了不解之缘。唐朝时，茶叶在杭州境内广泛栽培。著名的"茶圣"陆羽，在他撰写的世界上第一部茶叶专著《茶经》中，就有杭州天竺、灵隐二寺产茶的记载。白居易任杭州刺史时，曾与在灵隐修行的韬光禅师结为诗伴茶友，并留有"烹茗井"遗迹。宋朝时，杭州西湖龙井茶区已粗具规模，灵隐三天竺香林洞所产的"香林茶"，上天竺白云峰所产的"白云茶"、葛岭宝云山所产的"宝云茶"均被列为贡品。大文豪苏东坡常与北宋高僧辩才法师在龙井狮峰山脚下的寿圣寺品茗吟诗，其手书的"老龙井"匾额至今尚存于狮峰山的悬岩上（这大概是西湖龙井茶的第一块户外广告牌）。南宋建都杭州，中国茶文化的中心也随之南迁至杭州。杭州饮茶之风日盛，大街小巷茶馆林立。中国茶文化和杭州城市发展达到了第一个鼎盛时期。元朝时，龙井茶已被视为佳茗。明初，朱元璋的"贡茶改制"推动清饮之风日盛，儒家茶人的清饮文化得到了极大的舒张和发展。以西湖龙井茶为代表的清饮绿茶重新成为中国茶的主流。龙井茶与虎丘茶、天池茶、阳羡茶、六安茶、天目茶被列为六大名茶。"西湖龙井"被选为贡茶。明末清初，杭州已成为浙江最重要的茶产业集散地。清朝时，乾隆六下江南，四上龙井，题写六首龙井茶御诗，亲封"十八棵御茶树"，奠定了西湖龙井茶的至尊地位。民国期间，西湖龙井茶成为中国名茶之首。新中国成立后，毛泽东、周恩来、刘少奇、朱德、陈毅、邓小平、李先念、江泽民、李鹏、李瑞环等党和国家领导人都曾亲临过龙井茶区，关心西湖龙井茶的生产。1959年全国"十大名茶"评选，1988年中国首届食品博览会"十大名茶"评选，西湖龙井茶都位居榜首，更成为国家礼品茶。杭州城市发展也进入了前所未有的繁荣时期。

西湖龙井茶是杭州城市文化的重要承载内容

杭州历史文化积淀深厚。在杭州数千年的栽茶、制茶、饮茶、艺茶历史中，人茶相融，人茶相育，涌现了一大批爱茶、学茶、事茶之人，积淀了极其深厚、独树一帜的西湖龙井茶文化。世界上第一部茶学专著《茶经》就是陆羽在杭隐居期间写的。唐至清一千二百余年间，杭州有八位作者，著茶书十余种，成为中国文化的经典。历朝历代在杭为官的文化人中，嗜茶吟诗好泼墨者为数众多，留下了许多珍品，其中最著名的当属白居易、苏东坡、陆游、吴昌硕等人。当代的人们，仍以对西湖龙井茶的钟爱，谱就了一曲曲茶之赞歌：周大风创作的《采茶舞曲》，被联合国教科文组织列为世界民歌教材；王旭烽创作的长篇小说"茶人三部曲"（第一、第二部）荣获茅盾文学奖。毛泽东主席曾写下"龙井茶、虎跑水，天下一绝"的词句；周恩来总理五次到梅家坞村视察龙井茶生产，还两次亲自修改周大风的《采茶舞曲》。西湖龙井与鸠坑毛峰、九曲红梅等杭州名茶的优美传说，无不寄托着人们对亲情、爱情的美好向往；女采茶、男炒茶，泡茶楼、敬茶点等杭州的茶俗、茶礼、茶艺等茶事活动，无不折射出精致和谐的人文精神；龙井寺、虎跑泉、烹茗井等遍布杭城的历史文化遗存，无不蕴藏着深邃的人文内涵。璀璨夺目的西湖龙井茶文化，不仅是杭州历史文化中的精品，也是中华民族优秀文化中的瑰宝。

西湖龙井茶是特殊自然环境、品种资源和炒制工艺的结晶

西湖龙井茶以色绿、香郁、味甘、形美"四绝"闻名天下。它历来是茶中极品、朝廷贡品、国家礼品，有"百茶之首"、"绿茶皇后"之美誉。其优异的品质特征源自杭州西湖独特的自然环境、品种资源和炒制工艺。

首先是西湖龙井茶得天独厚的生长环境。杭州西湖"三面云山一面城"，集天地之精华、人文之璀璨于一身。西湖龙井茶产区就镶嵌于北纬30°04′—30°20′的杭州西湖周边群山的山峦峰谷之间。茶界权威人士通过对大量名茶研究分析得出结论：北纬28°—32°地带堪称茶树生长的黄金地带。西湖龙井茶产区正好位于这条黄金地带的中间位置，是中国茶最适宜生长的区域。西湖周边山势连绵、林木茂密、翠竹婆娑，依湖（西湖）临江（钱塘江）伴溪（西溪湿地），泥盆纪石岩发育而成的黄泥砂土壤，不仅富含

适宜茶树生长的多种营养元素,而且有害元素含量低,十分适合茶树生长。茶区年平均气温约为15℃—17℃,雨量充沛,年降雨量1300mm左右;春茶季节"无雨涧长流,无云山自阴"的温润小气候环境对茶树叶芽的生发非常有利。上承四季天时之气,下凭钟毓地利之优,得天独厚的生长环境是西湖龙井茶优异品质形成的基础。

其次是西湖龙井茶优异的品种资源和独特的栽培方式。

再就是西湖龙井茶精绝的炒制技艺和独特的品质技术。优质的西湖龙井茶必须经手工炒制而成,这是西湖龙井茶品质形成的关键工艺。炒制过程全凭手工在一口光滑的特制铁锅中操作,采用"抓、抖、搭、揭、捺、推、扣、甩、磨、压"等十种手法不断变化炒制而成,环环相扣,工艺独到而复杂。

特级西湖龙井茶具有八大特征:外形扁平光滑挺直、色泽嫩绿光润、体表无茸毛或少茸毛、叶片果胶质含量较低;冲泡后汤色嫩绿(黄)明亮,闻之有豆花香或板栗香,入口滋味清爽浓醇,叶底嫩绿成朵。

保护西湖龙井茶是杭州城市发展的必然选择

近年来,杭州充分发挥自身在茶领域的独特优势,围绕打响"茶为国饮,杭为茶都"品牌,着力优化城市环境,积极保护西湖龙井茶品牌,年年举办茶博会,大力发展茶产业和茶旅游,努力做好弘扬茶文化这篇大文章。

杭州是一座江、湖、河、海、溪"五水"并存的城市,水是杭州的根和魂。西湖山水甲天下,钱江潮水名扬中外,京杭大运河世界之最,杭州湾连接东海,西溪湿地是"城市之肾",水是大自然留给杭州的最大财富。八千年杭州文明史,就是一部"因水而生、因水而立、因水而兴、因水而名、因水而强"的历史。正在实施的"五水共导"治水工程,就是通过实施西湖综合保护、西溪湿地综合保护、运河综合保护、河道有机更新、钱塘江水系生态保护等系统工程,盘活杭州江、湖、河、海、溪五种水资源,营造"水清、河畅、岸绿、景美"的亲水型宜居城市。"五水共导"所形成的城市生态文明，为西湖龙井茶提供了更加优越的生长环境。特别是已实施八年的西湖综合保护工程，把保护范围扩大到整个西湖龙井茶一级保护区，使茶乡、茶园、茶村成为西湖山水景观的有机组成部分。游龙井山、品龙井香茶、尝农家饭菜成为杭州西湖旅游的又一个拳头产品。对西湖龙井茶生产技术和品牌的保护近年来取得了很大的进展。按照《无公害西湖龙井茶生产标准》和生态管理要求，加大龙井茶科技推广应用力度，使西湖龙井茶叶品质得到进一步优化。目前，已建成西湖龙井茶示范园区九个，面积1.418万亩，投入建设资金约1700万元，使茶园基础设施、生态环境、景观效果明显改善。有7689.7亩茶园通过无公害、绿色、有机农产品基地认证。同时，保护西湖龙井茶要抓好"五个一"：

一是保护一片种质资源；二是共保共护统一品牌；三是发挥好一个协会作用。西湖龙井茶产业协会作为负责西湖龙井茶的管理、协调的具体机构；四是建立一批手工炒制中心。在机器制茶普遍兴起的背景下，作为西湖龙井茶区大力实施手工炒茶技艺保护提升工程，充分体现其手工精制、清洁生产、低碳品质和大师之作的作用，培养一批热爱、精通茶艺文化的传承人和炒茶大师；五是开展统一植保服务。

随着杭州在全国茶界的知名度、美誉度和影响力不断增强，特别是2005年获得"中国茶都"称号以来，杭州茶文化更加普及，茶产业更加发达，茶旅游更具特色，茶事活动更为丰富，市民茶叶消费不断上升，"茶为国饮"的理念已经从文化层面扩展到经济社会生活的方方面面。杭州已成为全国闻名的茶产业强市、茶文化名城、茶旅游大市。"中国茶都"已成为杭州这座"生活品质之城"的又一张"金名片"，绿茶之皇后——西湖龙井茶，鹤立于鸡群，名扬海内外。西湖龙井茶，真的让杭州变得更加美好。

杭州市副市长　何关新

（原载《茶博览》2010年第四期）

西湖龙井茶概述

西湖龙井茶是我国的「十大名茶」之一，是西子湖畔一颗璀璨的明珠。她孕育于得天独厚的自然环境中，凝聚了西湖山水之精华和西湖茶人之智慧。

西湖龙井茶概述

[壹]西湖龙井茶的源流

西湖龙井茶是指在杭州市西湖龙井茶基地保护范围内生长的符合龙井群体、龙井43和龙井长叶三种茶树品种的茶树鲜叶，按传统工艺加工而成的具有"色绿、香郁、味甘、形美"品质特征的扁形绿茶。

西湖龙井茶源于唐，闻于宋，名于明，盛于清，扬于今，深受国内外人士的喜爱。

西湖龙井茶原来也叫龙井茶，由于龙井茶名气极大，在20世纪80年代，我国很多地方采用龙井茶的炒制工艺开始大量制作，所产的茶叶也开始以"龙井茶"命名，为区别所以特称为"西湖龙井茶"。

一、龙井茶名的由来

龙井茶以产地而名，龙井产地因泉而得名。龙井，位于杭州西湖西面竹茂林密的风篁岭上，四周层峦叠嶂，为西湖名胜古迹之一。"龙井"作为西湖名泉，具有中国古井名泉自然和人文的典型内涵和历史文化价值。

龙井原名"龙泓",又名"龙湫",是一个圆形的泉池,大旱不涸。一说古人以为此泉与海相通,其中有龙,故称"龙井"。另一说法是明朝正德年间掘井时,从井底挖掘出一块大石头,形如游龙,故名"龙井"。传说晋代葛洪曾在此炼丹。离龙井500米左右的落晖坞有龙井寺,俗称"老龙井",创建于五代后汉乾祐二年(949年),初名报国

龙井题刻 鲍志成摄

看经院。北宋时改名寿圣院。南宋时又改称广福院、延恩衍庆寺。明正统三年(1438年)才迁移至井畔,现寺已废,辟为茶室。宋代苏东坡游龙井有诗云:"人言山佳水亦佳,下有万古蛟龙潭。"明代田艺蘅《煮茶小品》曰:"今武林诸泉,惟龙泓入品,而茶亦以龙泓山为最。"明代屠隆诗云:"采取龙井茶,还烹龙井水,茶经水品两是佳。"清代汪孟鋗在《龙井见闻录》中亦说:"武林诸泉,惟龙泓入品。"它与玉泉和虎跑泉,被誉为杭州"三大名泉"。

二、龙井茶的起源和发展

杭州西湖产茶,可考的最早记载是唐代陆羽《茶经·八之出》所

记："杭州临安、於潜二县生天目山，与舒州同；钱塘生天竺、灵隐二寺。"意思是说，杭州所属的临安、於潜二县茶叶主要产于天目山，品质和安徽舒城所产茶叶相同。在杭州钱塘只有天竺和灵隐二寺所产茶叶品质较好。当时，天竺、灵隐二寺寺僧傍寺垦植茶园。唐末宋初，灵隐、天竺仍是主要茶区。

南宋《淳祐临安志》载："上天竺山后，最高处谓之白云峰，于是寺僧建堂其下，谓之'白云堂'，山中出茶，因谓之'白云茶'。"又

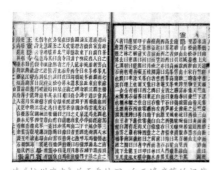

清《杭州府志》关于香林洞、白云峰产茶的记载

天竺山图

记："下天竺岩下，石洞深窈，可通往来，名曰'香林洞'。慈云法师有诗'天竺出草茶，因号香林茶'，其洞与香桂林相近。"此外，西湖北山宝云山也产茶，南宋吴自牧《梦粱录》中说："宝云茶、香林茶、白云茶，又宝严院垂云亭亦产。"由此可见，宋代西湖产茶比唐代已有诸多发展：一是茶区扩大了，从西湖之西山伸展到了北山。二是所产之茶各有其名，或曰"白云"、"香

林"，或称"宝云"、"垂云"。三是品质提高了。宋《图经》云："杭州之茶，唯此（指宝云茶）与香林、白云所产入贡，馀不与焉。"西湖之茶至宋代已成为朝廷贡品。四是西湖茶以"草茶"蜚声全国，在宋代上下崇尚经蒸碾紧压而成的团饼之时，不入时尚潮流的西湖"草茶"竟然入贡，这是开风气之先的。这也表明了龙井茶叶采、制方法的独特，品质的优异。宋时名僧辩才晚年从上天竺寺住持退居到龙井狮子峰下的寿圣院，他把白云茶移栽到狮子峰。他在寿圣院期间曾与赵抃、苏东坡、秦观等人品茶吟诗填词。如今，大家都认同辩才为西湖龙井"茶祖"。到了元代，"元四大家"之一的虞集与好友邓文原

下天竺香林洞位于飞来峰下，是宋代贡茶香林茶的发源地　林锦花摄

等游龙井，品尝了用龙井泉水烹煎的雨前龙井新茶，留下了《次邓文原游龙井》诗："烹煎黄金芽，不取谷雨后。同来二三子，三咽不忍漱。"这是最早明确记述品饮龙井茶的文字。

龙井茶的出名是在明代。明太祖朱元璋"罢造龙团"、"叶茶上供"这一茶叶采制变革的措施，一改宋元时上贡团饼茶的旧制和朝野饮茶的习惯，把"叶

茶"（龙井"草茶"）作为唯一贡茶，催生西湖龙井茶在明时迅速崛起。明时原局限于龙井一地，茶园不过十数亩，由于求索者众，供不应求，龙井四周山民与寺僧都种起了茶树，到明万历年间，"北山西溪，俱充龙井"（高濂，《遵八生笺·饮馔服食笺》"茶泉类"）。明万历年间（1573—1620）《钱江县志》载："老龙井其地产茶为两山绝品。"自此，龙井茶开始有了自己的美名，香林茶、宝云茶也便销声匿迹了。

  清代是龙井茶的鼎盛时期。由于清高宗乾隆的厚爱，龙井茶不仅入贡，还成为朝廷对大臣的恩赐品，"杭州龙井新茶，初以采自

清末的茶行 赵大川供图

谷雨前后为贵，后则于清明节前采者入贡，为头纲。颁赐时，人得少许，细仅如芒，瀹之，微有香，而未能辨其味也"（徐珂，《清稗类钞·饮食类》）。乾隆皇帝六次下江南巡游，四次到西湖茶区观茶、品茗、赋诗、作歌，更提升了龙井茶的声誉。

  民国初期，据1932年《农声》第160期刊载的一份调查资料介绍，当时龙井茶产区已形成南山、北山、中路三区。南山区包含龙

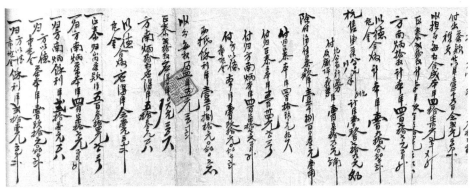

旧时茶行货运清单　赵大川供图

井、满觉陇、翁家山、虎跑、理安寺等二十二处，有茶园1100亩、茶户一百三十户；北山区包含铜佛寺、上宁桥、金祝牌楼三处，有茶园30亩、茶户十五户；中路包含狮子峰、云栖、灵隐、天竺、桃源岭等二十二处，有茶园1220亩、茶户七十户。三区合计有茶园2350亩、茶户二百一十五户。1931年，龙井茶产量已达七百三十余担。产量高的年份在八九百担之间。又因龙井茶各个产区的小气候环境和炒制技艺的差异，茶叶品质各具特色，国民政府农商部应商家申请，准予龙井茶以"狮"、"龙"、"云"、"虎"四个字号为商标注册。当时这四个字号内的龙井茶都称"本山茶"。相邻地区采制的称为"四乡龙井"。但由于国民政府腐败，导致西湖茶区大批茶园荒芜，茶农过着民不聊生的生活。当时流传着 "茶园荒荒产量低，重重剥削透不过气，手采龙井肚中饥，一斤明茶一斤米，卖卖出眼泪"（流传于西湖乡）、"大清宝地在山湾，每天早上挑一担，一只稟（米）袋一只篮，卖了回来赶中饭"（流传于龙坞乡）等俗语，生动地描述了当时茶农的生活情状。

中华人民共和国成立后，茶农们都有了自己的土地，龙井茶迎来了春天。党和国家领导人对龙井茶的生产与发展给予了高度的关爱。1963年，毛泽东主席亲自在西子湖畔采茶；周恩来总理五次到梅家坞村关心茶叶生产发展情况；朱德委员长六上老龙井，三次到龙坞镇外桐坞茶村；刘少奇、陈云等老一辈领导人也多次到龙井视察茶园；党的第二代、第三代领导人邓小平、江泽民、乔石、李鹏等也先后来到龙井茶区给予亲切的关怀和指导。

[贰]西湖龙井茶的生长环境

西湖龙井茶是我国的"十大名茶"之一，是西子湖畔一颗璀璨的明珠。她孕育于得天独厚的自然环境中，凝聚了西湖山水之精华和西湖茶人之智慧。

一、自然环境

据专家分析，北纬28°—32°地带是茶树生长的"黄金线"，因而优质茶叶产区多居于此。从茶树生物学特性来看，它对外界自然环境有一定的要求，大体可分最适应区、次适应区和不适宜种茶的地区。北纬28°—32°地带的气温、光照、相对湿度、降雨量等条件，属名优绿茶最佳适宜区，这与不同纬度的太阳辐射情况有直接关系，又与茶区所处的地理位置、生态环境密不可分。而名满天下的西湖龙井茶恰好处于这一产区的最中间北纬30° 04′—30° 20′，是茶叶生长的黄金地段。

　　茶树对气温的要求。气温对于茶树生长发育的快慢、采摘期的迟早和长短、鲜叶的产量以及成茶的品质，都有密切关系。茶树生长最适宜的气温在15℃—30℃，10℃左右开始发芽。在35℃以上的高温及土壤水分不足的条件下，茶树生长就会受到抑制，幼嫩芽叶会灼伤。在10℃以下，茶树生长缓慢或停止，到零下13℃左右，茶树地上部分会冻枯甚至死亡。低温加燥风，茶树最易受冻。西湖龙井茶区的常年积温在5919℃，其中≥10℃积温为5101.7℃；光照，太阳辐射总量平均为425.2千焦/平方厘米，4月至10月份有效辐射占

梅家坞茶园　厉剑飞摄

全年总辐射量的70%以上，年日照平均时数为1904.6小时，日照率为43%。年平均气温15.9℃—17℃，茶树春季生长季节气温15℃—22℃，3月下旬气温一般回升至12℃以上，茶芽普遍开始萌动，4月中、下旬平均气温19℃—22℃，抽芽吐叶旺盛，正是春茶采制大忙季节。

茶树对水分的要求。茶树幼嫩芽叶的含水量为74%—77%，嫩茎的含水量在80%以上。水是茶树进行光合作用必不可少的原料之一，当叶片失水10%时，光合作用就会受到抑制。茶树虽喜潮湿，但也不能长期积水。茶树最适宜的年降水量在1500mm左右。根据浙江省常年降雨量1044mm—1600mm来看，是能满足茶树生长需要

狮峰鸟瞰　蔡荣章摄

的。但由于各月降水量不匀，夏秋季常出现"伏旱"和"秋旱"，如不采取有效措施，会严重影响夏秋茶的产量。茶树要求土壤相对持水量在60%—90%，以70%—80%为宜。空气湿度以80%—90%为宜。土壤水分适当，空气湿度较高，不仅新梢叶片大，而且持嫩性强，叶质柔软，角质层薄，茶叶品质优良。西湖龙井茶区年平均降雨量1399mm，3月至10月占全年雨量的80%以上，春雨、梅雨、夏雨和秋雨，雨日为150天至160天。7月至8月的干旱季节，也是台风入侵频繁的季节，随着台风会带来暴雨、大暴雨，茶树是矮小常绿的灌木作物，不会被台风刮倒，而台风带来的大量降雨量对解除旱情是有利的。据科学分析，茶树体内含水分约60%，从茶树上采下来的新鲜芽

狮峰的地理环境非常适宜龙井茶的生长　厉剑飞摄

叶水分含量更达76%左右。生产500克干茶（约需2000克鲜叶），需要水分1.5吨左右（包括茶树叶面和土壤蒸发量在内）。茶树生长发育不仅需要雨水充沛，而且要求时晴时雨，阴雨相隔。相对湿度在80%以上，才能满足茶树优质高产的需要。苏东坡在杭州当官时也总结过这条经验，他概括地说："细雨足时茶户喜。"（《群芳谱》茶部）意思是说细雨雨水充足了茶叶也就能丰收，种茶户当然高兴。

好茶除了有"天时"的相助外，地理环境也很重要。西湖龙井茶产区（西湖区）地处东南沿海，长江三角洲南翼，杭州湾西端，钱塘江下游，京杭大运河南端。主要在杭州西子湖西南侧的狮峰、龙井、灵隐、五云山、虎跑、梅家坞一带。这里层峦叠翠、林木葱郁，揽

翁家山茶园一角　厉剑飞摄

山水之胜、林壑之秀,一块胜地养育一片茶园。茶区地势北高南低,北面天竺诸峰环峙,成为防御寒潮侵袭的屏障,又能截住南方的暖流,在茶区上空常年凝聚成一片云雾。西面是著名的九溪十八涧,溪谷幽深,湿润和煦的南风回旋其间,漫射光丰富,产生紫、蓝、橙光,有利于茶树芽叶叶绿素和茶叶中芳香物质、氨基酸等成分的合成和积累。日本著名的蒸青"玉露"茶生产,就是采用"遮阴网"等方法,减少阳光直射,对漫射光和热量进行调控,从而提高氨基酸等有效成分。但这是通过人工改善环境条件的,而西湖龙井茶是自然环境促成的。早在我国唐代陆羽的《茶经》中已经指出:茶树适宜"阳崖阴林"。意思是说茶树喜欢生长在坡上有树林荫蔽的生态环境之中。宋代赵佶是一个治国无能的皇帝,但他著的《大观茶论》指出的"植茶之地,崖为阳,圃必阴"、"阴阳相济,则茶的滋长得起宜",却很内行地观察总结了茶树的生长环境条件。

茶树的生长对外界的自然环境有一定要求。茶树除了喜欢温暖、潮湿、荫蔽的

西湖龙井茶群种资源保护区　商建农供图

生长环境，还需要适当的光照、水分、温度和土壤等条件。最主要的还是气候和土壤。茶树对土壤有严格的要求。茶树是喜酸性土壤的作物，它只有在酸性土壤中才能更好地生长，要求土壤pH值在4—6.5，以4.5—5.5最适合茶树生长。茶树不喜欢钙质，土壤中如含有石灰质（活性钙含量超过0.2%），就会影响到茶树生长，甚至逐渐死亡。通常看到种在坟堆上的茶树低矮黄瘦，生长不良，主要就是灰廊引起的。灰廊以大量石灰掺和细沙、黏土生成，使茶根不能深扎，灰廊还不断释放碱性石灰质，造成周围土壤钙质过多，影响茶树生长。土层浅对茶树生长也有影响，一般要求超过80cm。底土不能有黏盘层或硬碟层，不然容易积水。土壤的通透性要好，以便蓄水积肥，地下水位过高，孔隙堵塞，根系产生缺氧呼吸，就会造成烂根，因此地下水位必须控制在80cm以下。西湖区范围的地质由三部分组成，即荆山层、千里岗、砂岗和飞来峰石灰石地层，属奥陶纪地层。西湖龙井茶区土壤为黄泥土、白沙土、黄筋泥土、油红泥土四种。茶区土地肥沃，多为含有机物磷较高的微酸性砂质土壤，主体土层厚度中等适宜，在80cm—100cm，下接半风化的母质层，质地疏松，土壤通透性较好，对养分的吸收较充足，排水良好，茶树生长持续平稳。

　　优质的土壤、温湿的气候、优良的龙井茶茶树品种，再加上人们的精心栽培和高技艺的炒制，合二为一，造就了西湖龙井茶名扬于世的"四绝"特质——色绿、香郁、味甘、形美。

二、人文环境

西湖龙井茶的得名不仅仅得益于特殊的自然环境,也受长期积淀的人文环境的影响。杭州是我国著名的历史文化名城,也是"七大古都"之一。杭州文化孕育了众多为祖国为家乡的政治、经济、文化和社会发展作出卓越贡献的政治家、科学家、艺术家和民族英雄,他们为杭州留下了一篇篇光耀千古的华章,提升了杭州"文化之邦"和"历史名城"的形象和品位。20世纪80年代以来,杭州陆续建成了代表中华文明的中国茶叶博物馆、南宋官窑博物馆、胡庆余堂中药博物馆等,使其文化内涵更为丰盈。

清《杭州府志》之武林山图,龙井茶核心地区狮峰赫然绘于图中　赵大川供图

一定的文化气候的形成总是以一定的政治、经济、文化的聚集和发展为前提的。今天的西湖龙井茶已成为杭州城市的金名片。

西湖龙井茶所蕴含的文化内涵,与当代杭州的城市精神相通,体现了文明与和谐。任何

清《龙井见闻录》卷五之老龙井茶　赵大川供图

精神文化都少不了物质载体。杭州是典型的中国式山水城市，秀丽优雅的西湖，孕育了龙井及其周边山峦的静谧，是人与自然和谐的体现。龙井茶与杭州的精致、和谐与婉约的气质有着与生俱来的相关性。杭州市曾邀请浙江省社会科学界专家学者共探杭州的城市精神，专家们的阐述与提法多种多样，但对杭州基于人文而凝练的"精致、大气"达成了共识。精致，是美丽，是精益求精与精进；大气，是胸襟和气度，还有包容。其实，这与茶的内涵也是相通的。"茶圣"陆羽在《茶经》中就提出了"精行"与"育华"这互为因果的深邃思想。茶的鲜叶（直接泡饮并不可口）需经过凝结人们智慧的精湛工

元　赵原　陆羽烹茶图

艺（"精行"）而实现"育华"，给人以恰到好处的美妙感觉。茶本身就体现了内在的调和，蕴含着人们可以感觉的怡情通灵（融药理上的兴奋与镇静为一体）与身（生理）心的协和，通和谐社会之大道。人们也可以从茶道中体会到茶的生物自然性，施之以行，给社会以积极影响，创造人与人、人与自然的和谐。感受杭州的美，如在茶中所体会的细致、婉约与绵延。杭州韵，茶之魂。

我国的名茶众多，西湖龙井茶以其"色绿、香郁、味甘、形美"等品质内涵冠冕群雄，这与龙井茶品质内涵合乎传统文化对中庸和谐的追求分不开；龙井茶的品位体现了醇正与和谐，折射的正是

中国的传统哲学观。龙井茶与"精致、大气"也有象征性联系：细细品味龙井茶，能感受到一种气质，一种精神，回味后的宁静，有一种融入自然后的回归感。"绚丽之极，归于平淡"，龙井茶的含蓄与中国文化相一致，是诠释江南文化精致内涵的典范。

宋代大文豪苏东坡曾写道："天下西湖三十六，就中最

美是杭州。"西湖山水风景如画，赢得了历代文人墨客及政要的赞叹，留下了数不胜数的名文诗篇，同时也吸引着来自五湖四海的朋友。"上有天堂、下有苏杭"，也表达了古往今来人们对于这座城市的由衷赞美。元朝时杭州曾被意大利著名旅行家马可·波罗赞为"世界上最美丽华贵之城"。

[叁]西湖龙井茶的品质特征和品类

一、龙井茶与西湖龙井茶

龙井茶因产地不同，分为西湖龙井茶（西湖产区）、钱塘龙井茶（钱塘产区，主要产自萧山、富阳等地）、越州龙井茶（越州产区，主要产自绍兴、上虞等地）三种，根据中华人民共和国国家质量监督检验检疫总局2001年第28号公告批准的龙井茶实施原产地地域保护规定，明确原杭州市西湖区所辖行政区域（西湖产区）所产龙井茶为西湖龙井茶，其他属龙井茶原产地地域保护的十七个县、市（区）生产的叫浙江龙井茶。

浙江龙井茶和西湖龙井茶不仅仅是产地不同，外形、香气、滋味等也有所不同。在外形上，浙江龙井茶的外形比西湖龙井茶要瘦小一些，浙江龙井茶的叶片一般在1厘米到1.2厘米长时采摘，而西湖龙井茶会选择1.5厘米到2厘米长时采摘。因为浙江龙井茶在长至1.5厘米时再去采摘的话，它的叶片会比较老，茎部也比较粗；而西湖龙井茶在这个时候采摘则是正当叶嫩的时候。所以，西湖龙井茶的采摘一般要晚于浙江龙井茶。在香气上，由于在杀青程度和炒制手法上略有不同，所以也有差异。浙江龙井茶初闻香气十足，但叶片有些漂浮不定，站不稳；而西湖龙井茶初闻香气没有浙江龙井茶浓，但它厚实，站得住。经第二次冲泡，香气站不住的茶淡而无味，香气站得住的茶虽淡但还在。在滋味上，西湖龙井茶的滋味醇厚、甘和、鲜爽；而浙江龙井茶属醇爽。

二、西湖龙井茶的品质特征

西湖龙井茶之所以著名，为人所爱好，固然与社会背景有关，但从西湖龙井茶品质特征分析，不论外形和内质都有独特之处。独特品质的形成并非一朝一夕的事，经历代劳动人民辛勤劳动，不断创新改革，才逐渐地形成了目前西湖龙井茶的特点。

西湖龙井茶的特点，采早、采嫩，单叶原料幼嫩，外形内质就显得格外优美，特别是外形扁平挺直，色泽黄绿油润，冲泡后汤色清澈微黄，香气清，滋味醇，正如古诗人所形容的"清香隽永"，"三咽不忍漱"。

西湖龙井茶依据不同的等级，其品质特征也各异。春茶中的特级西湖龙井茶外形扁平俊秀，光滑匀齐，苗锋尖削，芽长

龙井茶汤色

于叶，色泽嫩绿或翠绿，体表无茸毛；汤色嫩绿（黄）明亮；清香或嫩栗香，但有部分茶带高火香；滋味清爽或浓醇；叶底嫩绿，尚完整。其余各级西湖龙井茶随着级别的下降，外形色泽依次为嫩绿—青绿—墨绿，茶身由小到大，茶条由光滑至粗糙，香味由嫩爽转向浓粗。四级茶开始有粗味，叶底由嫩芽转向对夹叶，色泽依次为嫩黄—青绿—黄褐。夏秋西湖龙井茶，色泽暗绿或深绿，茶身较大，体表无茸毛，汤色黄亮，有清香但较粗糙，滋味浓且略涩，叶底黄亮，总体品质比同级春茶差得多。下面就龙井茶的不同等级来谈其品质特征。

精品龙井茶 扁平光滑，挺秀尖削，匀整，匀净，色泽为嫩绿呈定光色；香气鲜嫩馥郁持久，汤色嫩绿明亮，滋味甘醇鲜爽，叶底幼嫩成朵。

龙井茶汤色

特级龙井茶 外形光扁平直，色泽翠绿略黄；滋味鲜爽甘醇，香气幽雅清高，汤色清澈明亮，叶底嫩匀成朵。

一级龙井茶 扁平尚尖削，匀齐洁净，色泽为翠绿尚润；香气为嫩香，汤色黄绿明亮，滋味鲜醇爽口，叶底为细嫩显芽。

二级龙井茶 扁平有芽锋，尚匀齐，洁净，色泽为绿中带翠；香气为清香, 汤色黄绿尚明, 滋味鲜醇, 叶底细嫩尚显芽。

三级龙井茶 扁平稍狭, 略带阔条, 尚匀, 洁净绿润; 香气纯, 汤色尚黄绿, 滋味尚醇, 叶底尚嫩匀。

四级龙井茶 尚扁平较宽, 欠光洁; 香气较淡, 汤色尚黄绿, 滋味尚甘醇, 叶底欠嫩匀。

三、西湖龙井茶的产地和品牌

(一) 产地

在唐宋时期, 只有宝云山、葛岭、玉泉、灵隐、天竺、狮峰等处有产茶, 明清时期则渐向南山一带的翁家山、满觉陇、虎跑、云栖、梅家坞等处传播发展。从岳坟、葛岭到黄龙洞山路两旁的树林下, 还可寻到两三株古代遗留下来的野生茶树。从灵隐到天竺的周围数十里, 古代统称天竺。古代的种茶, 只在一寺、一洞、一峰或一坞之间, 互不规则地种植数株或数十株而已, 谈不上茶园, 更谈不上产茶面积, 有茶千株已认为极为稀贵了, 如莫干山的山志中有云: "千树茶可比千户侯矣。"

南山这一带是目前龙井茶生产比较多的地方, 大部分是明末清初逐渐发展起来的。后来, 随着社会的发展, 栽培面积有所扩大。龙井茶区范围涉及西湖、龙坞、留下、转塘、双浦五个区或乡镇、街道, 约9253户茶农, 801.8公顷茶园。国家质监总局于2001年对龙井茶实施了原产地保护政策, 杭州市政府根据西湖龙井茶的实际生产范围

狮峰采茶　厉剑飞摄

划定了168平方公里的保护区域，只有在这个区域之内的，才能叫西湖龙井茶，主要在狮峰、龙井、云栖、虎跑、梅家坞一带。

狮峰，主要是指距龙井三里路的以狮子山为中心的一带，亦称"老龙井"。相传，当年乾隆皇帝来此茶园，亲手采摘了茶叶，并赐封他所采的茶树为"御茶"。如今，这十八棵御茶已被人们用青石雕栏围起来了，成为了老龙井的一道亮丽风景。狮子山茶树郁郁葱葱，错落有致。傍山崖下还有一口名泉老龙井，当年苏东坡手书的老龙井石刻依稀可见。狮峰所产的龙井茶品质最佳。其茶园土质为白砂土，疏松肥沃，含磷量高。此处漫射光、紫外线丰富，有利于茶芽中的芳香物质、氨基酸等成分的形成和积累。狮峰除了有优越的自然环境外，茶园中也融入了深厚的人文内涵。茶园内有宋广福院遗址、

龙井村茶园　厉剑飞摄

胡公像碑亭、辩才佛塔等。

　　龙井，主要是指翁家山、杨梅岭、满觉陇、白鹤峰一带，本地人亦称"石屋四山"龙井，其茶的品质仅次于狮峰龙井。

　　云栖，主要是由云栖坞、五云山、琅珰岭西等地组成。云栖坞以竹景闻名，居于西湖风景区之冠。现"云栖竹径"被评为"新西湖十景"之一。这条竹径曾留下了毛泽东、朱德、陈云、邓小平、江泽民等党中央几代领导人的足迹。五云山、琅珰岭地处钱塘江和西湖之间，水汽充沛。山间多凹地盆谷，有利于太阳照射的热量与空气的交汇，形成独特的气候条件，给茶叶生长带来了极为有利的条件。

　　虎跑，是以虎跑为中心，包括四眼井、赤山埠、三台山一带的龙井产地。这片产区，坡地相对狮峰、龙井等地势要低。这一地带的西

梅家坞茶园　厉剑飞摄

北群山较高，在低山丘陵处形成了茶叶生长的小气候。且闻名天下的虎跑泉，与龙井泉珠联璧合，堪称"西湖双绝"。虎跑景区内还有弘一法师佛塔和著名的"虎跑梦泉"景点。在三台山、赤山埠，有六通禅寺和法相禅寺遗址、明代民族英雄于谦墓和祠堂及俞曲园墓、陈夔龙墓。

　　梅家坞是新中国建立以后，从原来的"云"字龙井茶产地单独分立出来的著名龙井茶产地。梅家坞位于云栖坞以北，坞内绿坡逶迤，茶树遍乡。坞内有茶地80余公顷，且茶乡风情浓郁。

　　狮、龙、云、虎、梅，是历史上西湖龙井茶的五个特定产地，

梅家坞茶文化村鸟瞰　苏庆丰摄

是既有区别又统称的称谓。因产于西湖四周群山，又统称"本山龙井"，这是为了与相邻地区所产的"四乡龙井"相区别。

20世纪70年代，省、市有关部门对西湖龙井茶建立了标准样，将龙井茶归并为"狮峰龙井"、"梅坞龙井"、"西湖龙井"三个品类。"狮峰龙井"相当于原"狮"字号、"龙"字号，"梅坞龙井"相当于"云"字号，其余都归入"西湖龙井"。

（二）品牌

西湖龙井闻名于世，其品牌各异，但都显示了产区特征。目前，在西湖区拥有茶叶企业近百家，以西湖龙井茶

"御"牌西湖龙井

福海堂茶叶基地 厉剑飞摄

福海堂龙井茶包装 厉剑飞摄

叶公司、杭州龙井茶业集团有限公司和杭州福海堂茶业有限公司为代表的茶叶企业，是杭州市农业龙头企业。目前，杭州有六十多个西湖龙井茶品牌，其中以"御"牌、"狮"牌、"贡"牌、"龙坞"、"西湖"、"梅"牌、"福海堂"等品牌颇有市场影响力，是杭州市、浙江省名牌产品和著名商标，有五家公司产品通过ISO9001国际品质认证，九家公司的748公顷茶园获浙江省无公害农产品基地认证。

[肆]西湖龙井茶的价值和影响

西湖龙井茶不仅仅具有茶的价值，也有文化艺术价值，蕴藏着深厚的文化内涵和历史底蕴。其融历史、文化艺术价值、营养保健价值、礼仪价值、经济价值等为一体。

一、历史价值

西湖产茶历史悠久。早在唐代，"茶圣"陆羽撰写的《茶经》，就把天竺、灵隐二寺所产的茶，定为当时全国名茶之一。而龙井茶在一千多年的历史演变过程中，从无名到有名，从老百姓的家常饮品到朝廷的贡品，从民族的绝品到世界的名品，对茶文化和人文、民俗、社会发展研究等具有重要的历史价值。

二、文化价值

龙井茶在形成和发展过程中，融入了儒家思想和道家哲学，有了自己独特的文化内涵。

历朝历代，关于龙井茶的文化、艺术作品不胜枚举，特别是诗文书画，从帝王将相到文人墨客、僧侣商贾，都有许多作品流传下来。而现代，关于龙井茶的文学、音乐、舞蹈、曲艺、摄影等作品更是丰富多彩。杭州女作家王旭烽所著的长篇小说"茶人三部曲"，以茶人命运为主题，展开中国茶文化博大精深的历史画卷，并由此获得第五届茅盾文学奖。著名音乐、戏剧家周大风以茶农生活为原型创作的《采茶舞曲》，被联合国教科文组织作为亚太地区优秀民族歌舞保

西湖老明信片——龙井

存起来，并被推荐为"亚太地区风格的优秀音乐教材"。

此外，与茶相关的"国"字号大小科研机构与相关团体，如中国茶叶科学研究所、中国国际茶文化研究会、浙江大学茶学系和中华供销总社杭州茶叶研究院、中国茶叶博物馆等云集杭州，在茶的科学研究、文化教育与传播方面起着重要的作用。

三、营养、药用、保健价值

茶是风靡于世的三大无酒精饮料之一，世界上有五十多个国家和地区产茶，有一百六十多个国家约三十亿人在饮茶。饮茶的营养保健功效显著。现代科学研究和分析表明，龙井茶的营养保健成分较高，且其防病治病的功效相当显著。龙井茶是采摘细嫩芽叶加工制作而成的，现代茶叶生物化学的研究结果表明，芽叶越细嫩，内含营养保健成分就越多，加上龙井茶是小锅手工炒制，因而使丰富的营养保健成分得到最大限度的保留。另外，龙井茶产区的肥沃土壤、适宜的气候条件都有利于很多营养保健成分的积淀。

龙井茶中含有多种维生素，能满足人体每天所需的部分维生素。如维生素C，可以增强肌体抵抗能力，提高人体免疫力，有抗癌、延缓衰老的功效，还能防止水分的减少，增强肌肉的弹性，抑制皮肤黑色素的生成，从而有利于美容。人体每天正常所需维生素C约60毫克，每天喝两三杯龙井茶就能满足人体对维生素C的需要量。

成人必需氨基酸的需要量约为蛋白质需要量的20%—37%。龙井茶中含有丰富的氨基酸，能分解脂肪，降低胆固醇和血脂，促进新陈代谢，消除浮肿，刺激生长激素，具有良好的减肥作用，可以防治心脑血管疾病。饮茶与减肥的关系是非常密切的，《神农本草》一书早在两千多年前已提及茶的减肥作用："久服安心益气……轻身不老。"现代科学研究及临床实验证实，饮茶能够降低血液中的血脂及胆固醇，令身体变得轻盈，这是因为茶里的酚类衍生物、芳香类物质、氨基酸类物质、维生素类物质综合协调的结果，特别是茶多酚中的儿茶素和维生素C的综合作用，能够促进脂肪氧化，帮助消化、降脂减肥。此外，茶多酚能溶解脂肪，而维生素C则可促进胆固醇排出体外。绿茶本身含茶甘宁，茶甘宁能提高血管的韧性，使血管不容易破裂。

绿茶所含的成分——茶多酚及咖啡碱，两者所产生的综合作用，除了起到提神、养神之效，更具备提高人体免疫能力和抗癌的功效。近年，美国化学协会总会发现，茶叶不仅对消化系统癌症有抑制的功效，而且对皮肤癌及肺癌、肝癌也有抑制作用。经过科学研究确认，茶叶中的有机抗癌物质主要有茶多酚、茶碱、维生素C和维生素E；茶叶中的无机抗癌元素主要有硒、钼、锰、锗等。中、日科学家认为，茶多酚中的儿茶素抗癌效果最佳。而且，西湖龙井茶中所含的儿茶素成分比一般的绿茶要丰富。

　　西湖龙井茶具有抗毒灭菌的作用。把茶用作排毒的良药可以追溯到远古的神农时代，有"神农尝百草，日遇七十二毒，得茶而解之"之说，这在《史记·三皇本纪》、《淮南子·修武训》、《本草衍义》等书中均有记载。"茶圣"陆羽在他的《茶经》这部一千二百多年前世界上第一部权威性茶叶著作中关于茶的效用中指出："茗，苦荼。味甘苦，微寒，无毒。主瘘疮，利小便，去痰渴热，令人少睡。秋采之苦，主下气消食。"唐代医学家陈藏器在《本草拾遗》中写道："止渴除疫。贵哉茶也。"著名宦官刘贞亮在《茶十德》中也把"以茶除疠气"列为"茶德"之一。自唐以后，历代茶疗学也有新的类似以茶解毒灭菌之说，但由于当时科学不发达，将具有强烈传染性和流行性的疾病统称为瘟疫或疠气，虽未点明是何种细菌、病毒，但喝茶有助抗毒灭菌的事实是已被证实了的。

　　常年饮用龙井茶还有助于长寿。绿茶对人体的抗衰老作用主要体现在若干有效的化学成分和多种维生素的协调作用上，尤其是茶多酚、咖啡碱、维生素C、芳香物、脂多糖等，能增强人体心肌活动和血管的弹性，抑制动脉硬化，减少高血压和冠心病的发病率，增强免疫力，从而起到抗衰老的作用，使人获得长寿。根据医学研究证明，茶多酚除了能降低血液中胆固醇和三酸甘油脂的含量，还能增强微血管的韧性和弹性、降低血脂，这对防治高血压及心血管等中老年人常见病症极为有用。茶叶中含有硒元素，而且是有机硒，比粮油中的硒更易被人吸收。

　　除此之外，龙井茶中还含有多种B族维生素，其中硫胺素能维持神经、心脏及消化系统的正常机能，有助于预防心脏活动失调、防治胃机能障碍等，核黄素对维持视网膜正常机能，防治角膜炎、结膜炎、脂溢性皮炎、口角炎均有一定的作用。龙井茶中还含有一定量的维生素A，具有主治夜盲症、抗干眼病、抗肿瘤等作用，饮茶明目与其有很大关系。龙井茶中的嘌呤碱，进入人体，具有兴奋中枢神经的作用，因而可消除疲劳、提高思维能力，因此，很多作家、艺术家和科学家都喜欢喝龙井茶。嘌呤碱具有利尿、解痉、强心等功效。饮酒过量后，喝一杯龙井茶通过利尿可加速酒精排出，达到解酒的目的等。

　　龙井茶中所含的各种成分，均比其他茶叶为多，营养丰富，对人体的保健功效显著。同时,龙井茶还具有生津止渴、提神益思、消食化腻、消炎解毒、降低血糖、防辐射等功效。若以虎跑、龙井之水冲泡,更是鲜爽味烈,杯中茶芽成朵,赏心悦目。因此,常年饮用龙井茶,不仅是物质精神的享受,也是健身防病的一种有效途径。

四、礼仪价值

西湖龙井茶誉满全球,世界各国的元首及许多国际友人都曾相继慕名而来,对西湖龙井茶给予格外厚爱,西湖龙井茶长期作为国家指定的礼品赠送各国友人。以茶为赠礼,礼轻情意重,这既不失礼,又能传播中华文明。

中国自古以来就有"礼仪之邦"之称,客来敬茶也是我国人民的传统礼节。不论贫穷、富贵,不论是交际还是贸易,茶是必要的款待之物。

西湖龙井茶作为党和国家领导人送给外国元首的礼品,有着许多的故事。20世纪50年代初,毛泽东主席到苏联访问,把西湖龙井茶作为礼品带去,斯大林等苏联领导人喝了西湖龙井茶后大加赞赏。但他们的喝茶方式不同,像煮咖啡一样把茶叶弄碎煮来喝,却还觉得味道很好。自此,杭州西湖龙井茶被苏联领导人视为珍品。50年代许多来帮助中国建设的苏联专家都指明要喝西湖龙井茶。中美建交前美国国务卿基辛格博士访华时,周总理请他共饮龙井茶,又馈赠他少许。对龙井茶念念不忘的基辛格,在第二次到北京时主

开茶节，采访茶农

成都国际非遗节：泰国文化部官员观看
西湖龙井茶项目展示　厉剑飞摄

动向总理讨要西湖龙井茶。1972年，美国总统尼克松访华到杭州，周总理陪同并邀尼克松一起品尝龙井茶，在当时的"楼外楼"菜馆，还用龙井茶炒虾仁款待美国总统一行，受到美国客人的一致好评。尼克松觉得西湖龙井茶口感很好，向总理提出要1000公斤茶叶带回去，结果，离杭时，周总理只送了他两斤。尼克松把这两斤西湖龙井茶作为珍品收藏起来。尼克松随行人员助理国务卿黑格眼看没希望从总理那里分享西湖龙井茶，只好到商店去买，拿回美国作为馈赠亲友的礼品。

五、经济价值

龙井茶作为地方特产，更是作为世界名茶，它带动经济发展的作用不可低估。除了茶叶产业本身具有的经济价值外，还带动了旅游及其他更多的行业，产生更多的无形价值。

"茶为国饮，杭为茶都"，杭州之所以成为著名的旅游城市，与其山水及人文环境密不可分，也与西湖龙井茶及其茶文化有着密切

西湖龙井茶专卖店平海路店　商建农供图

紫砂茶具

瓷茶具

的关系。杭州的茶楼、茶文化村、观光茶园等特色休闲园地，以宜人养眼的风景和丰富的茶文化内涵，成为杭州旅游不可分割的重要组成部分。以龙井茶为龙头的杭州茶业（包括茶水饮料的生产）、茶文化，已经与其他相关产业（如旅游、餐饮）渗透或融合，互相促进，互为依托，成为杭州经济的重要发展特色。

西湖龙井茶采摘和制作技艺

西湖龙井茶采摘有三大特点：一是早，二是嫩，三是勤。在制作方面，西湖龙井茶全靠手工完成，精致细腻，需经摊放、青锅、回潮、辉锅、分筛、挺长头、归堆、收灰等工序。

西湖龙井茶采摘和制作技艺

[壹]西湖龙井茶采摘技艺

西湖龙井茶历来以采摘细嫩而著称,据测定,500克特级成品茶由3.6万朵完整嫩芽叶组成。

根据采摘的嫩度和时期不同,龙井茶芽分为"莲心"、"雀舌"、"旗枪"、"梗片",等等。每年春天,茶农分四次按档次采摘青叶,清明前三天采摘的称"明前茶"。此茶嫩芽初迸,如同莲心,故名"莲心茶"。一般一斤干茶有三万六千颗嫩芽,可谓是西湖龙井茶中的珍品。清明后到谷雨前采摘的叫"雨前茶",这时茶柄上长出一片小叶,形状似旗,茶芽似枪,故称"旗枪"。立夏前的茶芽旁有附叶两瓣,两叶一芽,形似雀舌,称为"雀舌"。再过一个月采摘的又谓之"梗片",因茶已成片并附带有茶梗。因此,鲜叶的嫩匀度

新采的龙井茶芽　厉剑飞摄

龙井茶芽　厉剑飞摄

是龙井茶品质的基础。

　　龙井茶采摘有三大特点：一是早，二是嫩，三是勤。历来龙井茶的采摘以早为贵，有"早采三天是个宝，迟采三天变成草"之说。因此，龙井茶采摘有很强的季节性。根据西湖龙井茶区的气候条件，一般春茶在3月下旬茶树刚吐露几个嫩尖时开采，茶农称为"摸黑丛"，即从一芽一叶初展开始，每天或隔天采一次，到立夏前结束。夏茶一般是立夏后开采，6月中旬结束。秋茶6月下旬开采，10月上旬结束。全年采摘期长达190天至200天。应分园分批采摘，做到早发早采，迟发迟采。老茶园，对夹叶多，芽叶易老的茶园先采。芽

杭州龙井茶园　赵大川供图

叶持嫩性好，不易老化的茶园后采。

龙井茶的采摘方法也有所不同，主要有以下两种。

提手采摘法 鲜叶质量是保证干茶品质的前提，龙井茶区历来推行提手采摘法，即手心向下，大拇指和食指夹住茶叶上的嫩茎，轻轻向上一提，芽叶就采下了。采下的芽叶成朵，大小一致，匀度好，不带老梗、老叶和夹蒂，既不会伤害芽叶，又不会扭伤茎干。同时，要求茶丛采净，顺序从下采到上，从内采到外，不漏采，不养大，不采小，应采的全部采。

双手采摘法 即双手交替进行，似小鸡啄米，采一朵随手丢入茶篮，大大提高了采茶工效。双手提采的经验是"一集中、三协作"："一

茶叶采摘　厉剑飞摄

集中"指思想高度集中;"三协作"指眼、手、脚要密切协作配合。

[贰]西湖龙井茶制作技艺

一、西湖龙井茶制作流程

西湖龙井茶的整个制作过程精致细腻,全靠手工完成。俗话说:"龙井茶是靠一颗一颗摸出来的。"确实是这样,其工序的复杂是有目共睹的,一般制作一斤西湖龙井茶需八道工序,才能生产出上好的西湖龙井。需经过摊放、青锅、回潮、辉锅、分筛、挺长头、归堆、收灰等工序,其中青锅和辉锅两道工序是整个炒制作业的重点和关键。

（一）鲜叶摊放

刚采回的鲜叶,需在阴凉处薄摊,厚度一般以1厘米为宜。摊放两小时后,自然挥发掉多余的水分,减少苦涩味,增进茶香度,增加氨基酸含量,保持其鲜爽,同时使炒制的西湖龙井色泽翠绿,外形光洁,不结团块,色、香、味、形俱全。

（二）青锅

将摊放后的鲜叶放入锅中,用手将其炒干,这是初步定型的过程。当锅温达100℃—120℃时,在锅内涂抹少许炒茶专用油,投入一定量经摊放过的鲜叶,以抓、抖手势为主,使其散发一定的水分,然后改用搭、压、抖、甩等手势使其初步定型。压力由轻渐重,使茶叶达到理直成条,平直光滑,压扁成型,至七成干时即起锅回潮,大致需12—15分钟。

（三）回潮

把杀青后的茶叶放置于阴凉处，进行薄摊回潮。待凉后筛去其茶末、簸去碎片，历时40—60分钟。

（四）辉锅

回潮后的茶叶倒入锅中，进一步炒干成型，用手将茶叶炒干、磨亮，完成定型。通常是四锅青锅叶合为一辉锅，叶量约为150—250克，锅温为60℃—70℃，大致需17—20分钟。锅温分低、高、低三个过程。手势压力逐步加重，主要采用抓、扣、磨、压、推等手势。其要领是"手不离茶，茶不离锅"。炒至茸毛脱落，光滑扁平，透出茶香，折之即断。

（五）干茶分筛

用筛子把茶叶分筛。簸去黄片，筛去茶末，使成品大小均匀。

（六）挺长头

把筛出的长头（大一点的茶叶）再一次放入锅中，将其挺直，历时5—10分钟。

（七）归堆

将成品分包成0.5公斤一包，分开保存。

（八）收灰

炒制好的西湖龙井茶极易受潮变质，必须妥善保存，须将归堆

福海堂制茶车间　厉剑飞摄

后的成品茶放入底层铺有块状生石灰（未吸潮风化的生石灰，作为干燥剂）的缸中加盖密封，封存一星期左右。这样西湖龙井茶的香气就更加清香馥郁，滋味更加鲜醇爽口。

经此处理后的西湖龙井茶，在室温干燥环境中保存一年仍能保持"色翠、香郁、味醇、形美"的品质。经过以上工序炒制的西湖龙井茶，形状扁平光润，色泽鲜明翠绿，汤色碧绿清莹，滋味甘鲜醇和，香气幽雅清高。同时较好地保持了天然营养成分，具有生津止渴、提神益思、消食利尿、除烦去腻、消炎解毒等功效。

二、西湖龙井茶炒制技艺

西湖龙井茶的炒制非常有讲究，控制火力及锅温和掌握手法手势是最基本的要素。火力过高，嫩芽容易粘锅，产生爆点、焦边，成茶有焦味；火力不足，则容易拓不起，茶芽会发腻，导致红梗、红叶，茶色发暗，茶香郁闷，汤色发红，滋味差。特级龙井炒制时下锅量要少，火力要低。中高级龙井炒制时锅温要略高，落锅时发出"噼啪"的爆响。如果手感茶叶温热，锅面与茶叶之间润滑光溜，表明火力适当。如果锅温过高,则动作要快,手势要轻,避免焦边、焦味。锅温偏低时,则动作要慢,防止茶汁挤出,色泽变暗。炒制时的手法可归纳为"抓、抖、搭(透)、拓(抹)、捺、推、扣、甩、磨、压"等,俗称"十大手法"。

(一)抓

抓住茶叶在锅内作上下拓、抖或沿锅壁前后往复运动,把茶叶整理成扎并及时抓紧、抓直,使茶叶呈条索状,在手掌中内外转换。

(二)抖

将拓起攒在手掌上的茶叶,上下抖动,均匀地撒在锅中,使茶叶受热均匀,散发叶内水分,起到抖齐、理条、起色的作用。

(三)搭(透)

为抖后的下一个手法,抖后即反掌向下,顺势朝锅底茶叶压去,搭力开始时宜轻,然后逐渐加重,搭主要用于青锅阶段。

(四)拓(抹)

手贴茶,茶贴锅,将茶叶从锅底沿锅壁服帖地拓上,上、下反复,使茶叶扁平。

(五)捺

手法与拓相似,但与拓的方向相反,要更加重四指和掌心的力度,促使茶叶叶身更为扁平、光润。

(六)推

1.抓

2.抖

3.搭（透）

4.拓（抹）

5.捺

6.推

7.扣

8.甩

10.压

9.磨

抓着靠锅壁的茶叶，用手掌控制住并压实茶叶，用力向前推出去，增加对茶叶的压力，使茶叶进一步扁平、光滑。

（七）扣

手法与抓相似，在抓、推的过程中，扣紧茶叶使茶叶条索紧直，这主要用于炒中低档茶叶的青锅、辉锅阶段。

（八）甩

把托在手中的茶叶利用转动之势，迅速在手中交换，使叶片包住茶芽，起到理条、散发水分的作用。也主要用于炒中低档茶叶的青锅、辉锅阶段。

（九）磨

在抓、推茶叶时，用较快的速度往复运动，增加手对茶、茶对茶、茶对锅壁的摩擦，增加茶叶的光滑度，一般用于辉锅的后半阶段。

（十）压

在抓、推、磨的同时，增加对茶叶的压力和重力，促使茶叶更趋平实和光滑。只用于辉锅的后半阶段。

最后，干茶炒制结束，还要过筛，去掉茶末。

上述炒制西湖龙井茶的十种手法，并非是顺序或单独使用，而要根据鲜叶的嫩度、锅温以及锅中茶叶的干燥程度，即根据不同鲜叶原料、不同炒制阶段，随机应变，灵活掌握和运用。

西湖龙井茶经过炒制后，含水量从75%左右减少到6%左右，成为外形光洁、匀称、挺秀、扁平、整齐的成品干茶。在一般情况下，半公斤西湖龙井茶的炒制需要8小时左右。难怪有人说，加工西湖龙井茶，与其说是炒茶，不如说是在雕琢一件精美的艺术品。

[叁]西湖龙井茶采摘和制作工具

一、采摘工具

茶篮（篓）：分小、中、大三种。采明前茶必须用小茶篮，因茶芽小，不易将茶篮装满，且行动方便。谷雨前后采茶可用中号茶篮。大号茶篮现在一般不用于采茶，只用于将采茶女采来的茶叶集中起来盛放，以方便拎回家炒制。

雨具（雨衣、雨裤、长统套鞋）：一般都是塑料制品，携带方便且价廉实用。因采茶期春雨多，长统套鞋还能防蛇虫叮咬。

采茶帽：能避阳光照射，保护皮肤，又可使茶芽清晰可辨，便于采摘。

二、炒制工具

茶簸箕：也有小、中、大之分。盛放茶叶之用。小号

采茶工具——茶篓

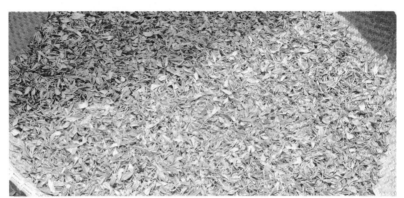

新采龙井茶

一般用于鲜叶下锅和起锅。

　　茶匾或茶席：摊放鲜茶叶，使鲜茶叶散发部分水分，又使鲜茶叶柔软，有利于提高炒制品质。

　　勃篮：装数量多的茶叶，用于青锅叶的还潮和辉锅后的干茶存放。

　　筛子：分细筛、中筛、末筛三种。细筛，筛高档茶叶之用，中筛较为通用，末筛用来提取茶末。

　　电锅：炒制茶叶的专用锅，分1000瓦、2000瓦两个开关。

　　涮帚：茶叶炒制好起锅时用。

　　白油：炒茶专用油，起润滑茶锅的作用。

　　油抹布：用于白油下锅时均匀锅壁，在炒制过程中起光滑茶锅的作用。

炒制工具——电锅

三、储藏工具

炒制好的龙井茶容易变质，需要较好的储藏条件，以保持其色泽、香味。龙井茶储藏的主要物具有生石灰（干燥剂）、石灰缸、石灰坛、冷藏箱、冷库等，主要作用就是保持茶叶不变质。

四、茶叶包装工具

外观直接影响茶叶的美观度和人们的购买欲。最传统、最简易的包装是茶包纸，一斤一包，大方实用。随着经济社会的快速发展，茶叶包装也从简单的纸包装到罐包装以及各具特色的包装袋等，

茶园管理工具

种类繁多，五花八门。一般具有以下方面的特点和特色：一是色彩的搭配得当，有赏心悦目之感。包装色彩要与其茶叶的品质相符，或清新淡雅，或华丽动人，或质朴自然等。二是带有强烈的民族特色和鲜明的地方色彩，能显示出自己的品牌。三是突出人性化，重视人的感情愿望，顺应消费者的习俗和欣赏习惯。四是强调艺术美感，情在画中，意在字外。五是引人入胜，引起人的购买欲。

西湖龙井茶采摘和制作技艺的现状与保护

西湖龙井茶是杭州乃至国家的一大无形资产。随着城市建设、旅游和经济社会的发展，西湖龙井茶基地呈逐步下降的趋势，已严重影响龙井茶的产量。为了保护和发展西湖龙井茶这一国家级瑰宝，近年来，杭州市委、市政府采取了一系列保护措施，取得了显著成效。

西湖龙井茶采摘和制作技艺的现状与保护

[壹]西湖龙井茶产地保护

西湖龙井茶是杭州乃至国家的一大无形资产。随着城市建设、旅游和经济社会的发展，西湖龙井茶基地呈逐步下降的趋势，已严重影响龙井茶的产量。同时，从20世纪80年代中期茶叶市场放开以后，国内许多产茶地区慕"龙井"之名而仿制扁茶，冠以龙井茶之名，使西湖龙井茶市场鱼龙混杂，真假难分。深厚的西湖龙井茶文化呼唤着原产地保护机制。

1999年，国家质量监督检验检疫总局发布了《原产地域产品保护规定》，并将龙井茶列为首批原产地命名保护的产品之一。2001年，国家质量监督检验检疫总局发布28号《龙井茶原产地域产品保护》公告，批准龙井茶原产地域为西湖产区（杭州西湖区行政区域内，面积168平方公里，茶园面积900公顷），钱塘产区（杭州市的萧山、余杭、富阳、临安、桐庐、建德、淳安等行政区城）和越州产区，龙井茶基地保护实现了有法可依的目标。为了保护和发展西湖龙井茶这一国家级瑰宝，近年来，杭州市委、市政府采取了一系列保护措施，取得了显著成效。

龙井茶保护文件

1.立法保护

2000年，杭州市西湖区有关部门起草《杭州市西湖龙井茶基地保护条例》，2001年4月18日，经杭州市第九届人民代表大会常务委员会第三十四次会议审议通过。同年6月29日，浙江省第九届人民代表大会常务委员会第二十七次会议正式批准，7月16日，杭州市人大常委会公告公布并予以实施。《条例》共二十六条，明确了西湖龙井茶基地的保护范围（168平方公里），明确了管理主体，由西湖区人民政府具体负责西湖龙井茶基地的保护和管理工作，明确法律责任，《条例》的颁布和实施，使西湖龙井茶保护纳入法制化管理的轨道。

2.地域保护

西湖龙井茶生产，离不开特定的自然环境，为了保护龙井茶原产地，通过实地考察和细致的调查研究，确定西湖龙井茶原产地范围约168平方公里，即在杭州西湖区东起虎跑、茅家埠，西至杨府庙、龙门坎、何家村，南起社井、浮山，北至老东岳、金鱼井的范围内。同时，对西湖龙井茶基地实行分级保护，划分为一级保护区、二

西湖茶村　缪全通摄

西湖茶村规划图　缪全通摄

级保护区,并建立西湖龙井茶后备基地。2004年4月9日,杭州市人民政府颁布了杭政函〔2004〕57号《杭州市人民政府关于西湖龙井茶基地和后备基地面积》,重申了《条例》的内容,并明确规定凡征用西湖龙井茶基地和后备基地,在一级保护区内的西湖龙井茶保护基地,除国家能源、交通、水利、军事设施等重点建设项目确实无法避让外,一律不得占用;在二级保护区内的西湖龙井茶基地,除市级以上重点建设项

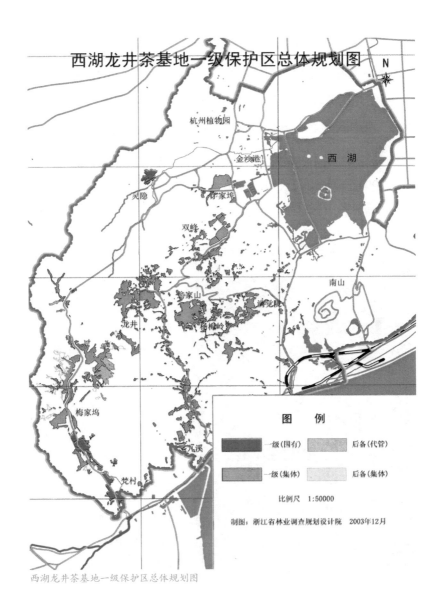

西湖龙井茶基地一级保护区总体规划图

目必须征地外,一律不得占用。因上述需要占用一级、二级保护区内的西湖龙井茶基地,必须在西湖龙井茶后备基地中按相应等级予以补足。用于非农业建设的用地单位除按规定缴纳征地费外,必须再缴纳西湖龙井茶基地保护费,具体标准为:一级保护区10万元/亩,二级保护区5万元/亩,后备基地3万元/亩。

2003年5月,市政府根据《杭州市西湖龙井茶基地保护条例》的规定,确定了"科学规划,依法保护,应保尽保,保护与发展相结合"的指导思想和原则,安排专项经费由杭州市农业局、西湖风景名胜区管委会、西湖区人民政府负责。2004年4月,杭州市人民政府发布了《杭州市西湖龙井茶基地和后备基地范围划区定界通告》,正式确定了911.9公顷的西湖龙井茶基地和204.1公顷的后备基地。2004年9月召开了西湖龙井茶基地保护标志工作会议。经

西湖龙井茶基地二级保护区总体规划图

四个月的努力，在550多个地块共埋设水泥界桩坐标2775处，并在茶园面积较大的地块设置标有"杭州市西湖龙井茶基地保护区"大型标志牌。

三、品质保护

首先，对优质龙井茶茶种进行保护。龙井茶种为浙江省地方良种，原产于杭州市龙井茶区，经过一千多年的栽培驯化而成，植株灌木型，分枝较密。目前，西湖龙井茶的主栽品种为龙井群体种，辅栽品种为龙井长叶、龙井43。在与茶叶品质相关的诸因子中，当然以鲜叶原料为最，为了确保西湖龙井茶的原汁原味，规定在西湖龙井一级、二级保护区内，不能栽种其他品种茶树，以防异化。

第二，积极实施《西湖龙井茶中铅含量来源研究及控制建议》项目。通过对西湖街道、留下镇、龙坞镇等西湖龙井茶主产区的大气、茶园土壤、茶叶原料、茶叶加工、成品包装等方面的调查研究，摸清西湖龙井茶铅含量的真实现状及关键因子，提出控制西湖龙井茶铅含量的技术措施和建议。

第三，制定和实施《西湖龙井茶生产加工技术标准规范》。为从根本上规范西湖龙井茶的生产，通过几年的试点和实施，2008年，杭州市质量技术监督局发布了《西湖龙井茶手工炒制工艺规程》，使西湖龙井茶完全纳入标准化、规范化生产的轨道。

四、品牌保护

　　从2002年1月起，西湖龙井茶使用原产地域产品专用标志。从理论上讲，对产品实行原产地保护后，其他任何产品都不准再涉及该产品品牌，品牌相同的则须强制退出市场。为了防止"李鬼"的侵害，在认真贯彻实施《杭州市西湖龙井茶基地保护条例》的前提下，又采取了相应的措施：一是制作龙井茶西湖、钱塘两个产区质量标准实物样茶，样茶制成后，由国家茶叶质量监督检测中心、省茶标会、杭州市农业局、杭州市质量技术监督局、杭州市西湖龙井茶叶有限公司等单位的十八名专家对实物样茶进行审定。2002年11月14日，杭州市农业局、杭州市质量技术监督局联合下发《关于统一使用龙井茶（西湖产区、钱塘产区）标准实物样的通知》。二是统一使用西湖龙井茶防伪标识。防伪标识分"茶农用产地防伪标识"和"销售用产地防伪标识"。2001年1月始，收集原产地保护区内的茶农资料，包括姓名、地址、茶园面积、核定春茶产量和联系方式等，将所有信息汇总后为每户茶农制成二维条码茶农登记表，并按茶园面积和春茶产量，每250克发放一张"茶农用产地防伪标识"。为了使西湖龙井茶产销统一，从2001年始，凡销售西湖龙井茶的企业，符合条件的均可向杭州市质量技术监督局申领"销售用产地防伪标识"。经营单位在向茶农收购西湖龙井茶时，按西湖龙井茶质量标准并按收购量向茶农索取"茶农用产地防伪标识"，然后凭申报单和"茶农用产地防伪标识"向杭州市质量技术监督局调换成"销售用产地防伪标识"。在销售龙井茶时，须贴上"销售用产地防伪标识"，并标明产品名称、质量等级、产地、价格、企业名称等，让顾客买到货真价实的西湖龙井茶。三是设立西湖龙井茶专卖店。2001年，制定了《西湖龙井茶专卖店确认和管理办法》。龙井茶专卖店是按照市场经济的运作方法，由政府部门严格审批确认并对其销售行为进行全程监控，专门经营产自西湖区龙井茶的专业经营商店。对符合条件并提出申请的企业按管理办法由市、区有关部门审核，经审核同意后，由杭州市西湖区龙井茶产业协会授牌，确认为"西湖龙井茶专卖店"。

五、采取科学有效的管理方法

坚持长效管理和集中整治相结合，建立联建、联管、联制、联勤的"四联"工作机制。建立起了源头追溯和动态管理机制，组建了名牌产品打假协作网，对一些经营者出现的假冒伪劣、无照经营、商标侵权、拦车拉客、强买强卖、欺诈宰客等突出问题，开展了一系列专项整治工作，净化了市场经营秩序。

六、视察检查

杭州市和西湖区人大代表及政协委员每年都要视察西湖龙井茶区，检查《条例》贯彻执行情况，区人大常委会和有关职能部门也经常进行检查，发现问题，及时向相关部门提出，以便及时改正。

经采取一系列的保护措施，西湖龙井茶有了更高品质的发展，

国家非物质文化遗产保护专家委员会副主任考察西湖龙井
厉剑飞摄

保护茶区和茶农利益，调动茶农积极性，保持其"绿茶皇后"的美誉。同时让茶香溢满全球，提高西湖龙井茶的知名度，并让其永恒发展。

[贰]西湖龙井茶采摘和制作技艺的现状

一、现状

"上有天堂，下有苏杭"，西湖龙井茶就像一颗璀璨的明珠镶嵌在西子湖边。但近几年来却面临着严峻的考验，不仅仅是龙井茶的产量在减少，西湖龙井茶的炒茶制茶技艺及其传承人等一系列问题也十分严峻。其原因表现在多方面：

1.茶区面积逐渐减少

近几年来，随着旅游业的发展，龙井茶茶区一带也不断地在开发茶园旅游，村民新房将建进茶园。据了解，龙井茶茶区将拆迁48户人家并动用茶园面积80000平方米（即120亩）用于拆迁户的安置。因此，茶园面积进一步减少。

2.手工炒茶人才出现断档

西湖龙井传统手工炒制是一门要求极高的技艺,由于手工炒茶效率低下,成本偏高,学艺辛苦,一般要掌握精湛的炒茶技艺,短则三五年,长则一辈子,难度较大。年轻人很少愿意成为手工炒茶技艺的传承人,所以本地会炒茶的年轻茶农越来越少,加上现在茶农们的生活都有了很大的改善,他们也不希望自己的子女传承这项虽然很高超但很辛苦的技艺,长此以往将会出现传人断档,这必然会影响龙井茶的品质,因为西湖龙井茶的得名不仅仅是有得天独厚的自然环境和深厚的人文环境,重要的还有精湛的炒制技艺。

3.夏秋茶普遍缺乏有效利用

春茶质优价高,量少而效益可观,茶农都很重视其采制和销售。而占亩产量总数70%以上的夏茶却自生自灭,茶农很少问津,夏秋茶得不到充分利用,这样茶的产量也就下降,对整个茶叶市场也会形成不良循环。

4.茶叶生产的机械化与龙井茶品质、质量之间的矛盾

西湖龙井茶之所以珍贵的重要原因是手工精炒精制,也可称其为"工艺茶",手工炒制的龙井茶工序复杂,炒制技艺非常独特,而机械炒制的茶叶色、香、味明显不如手工炒得好。随着机器炒制的普及,龙井茶的品质有所下降。

5.先进科学技术投入力度不够

茶农在栽培管理、肥料种类、病虫害的防治过程中，引进和投入的先进技术和科技成果较少，致使一些优质鲜叶水准不高，达不到应有的标准，从而降低了龙井茶的品质。

6.市场经营秩序不规范

由于西湖龙井茶（特别是高档龙井茶）数量有限，不能满足市场需求，出现供不应求的现象。近年来，出现了外地仿制西湖龙井茶的现象，存在假冒伪劣和以次充好等问题。品牌小而散的问题也比较突出，市场主体规模小，组织化程度低，难以形成拳头品牌。买茶的人多，懂茶的人少，多数消费者购买茶叶时更看重卖相，这就使得一些经营茶叶的商家利用消费者的心理，在收购和销售产品时顺从市场的价值取向，没有形成合理的价格机制。

二、保护措施

1.西湖龙井茶采摘和制作技艺的规范

2008年，杭州市质量技术监督局发布了由西湖龙井茶采摘和制作技艺保护单位——杭州市西湖区龙井茶产业协会起草的《西湖龙井茶手工炒制工艺规程》（杭州市农业标准规范DB3301/T 121—2008），规范了西湖龙井茶的定义、基本要求和炒制工艺标准。

2.西湖龙井茶采摘和制作技艺保护的"十二五"规划总体目标

（1）每年举办西湖龙井茶开茶节、西湖博览会茶博会、研讨和交流会等重大活动，宣传西湖龙井茶的品牌和炒制技艺。

杭州市西湖区茶文化研究会成立大会　厉剑飞摄

（2）实施西湖龙井茶炒制技艺人才培训计划，通过组织"炒茶王"大赛，对炒茶人员进行评级发证，培养500个炒茶技师以上的精通西湖龙井茶炒制技艺的传承人；培训西湖龙井茶青年炒制人才，建立1000人的后备传承人队伍；组织5000名中小学生和市民参加采茶、泡茶、茶艺等茶事活动，加强对西湖龙井茶的了解，培养全民爱

茶园喷灌　赵大川供图

茶、惜茶、护茶的理念。

　　（3）实施西湖龙井茶基地、群体品种和品牌保护，加强茶园基地建设，改造低产茶园2000亩，更新老茶园1000亩，发展新茶园200

西湖龙井开茶节　厉剑飞摄

茶乡笔会　厉剑飞摄

亩,推广应用各种适用技术,建设四个西湖龙井茶观光园。

(4)建立十五个集炒茶技艺比赛、培训、交流、展示、宣传为一体的西湖龙井茶炒茶技艺传承基地;实施茶厂的优化改造,完成企业的QS认证。

(5)开展西湖龙井茶品牌宣传和推广,外出交流学习,争取参加下一届世博会。

通过以上保护措施的实施,充分调动茶农热爱炒茶、熟练掌握炒制技艺的积极性和创造性,全面保护和传承西湖龙井茶炒制技艺,推进规模化种植、标准化生产和产业化经营,提升品牌知名度,推动茶产业、茶经济、茶文化健康协调可持续发展。

成都国际非遗节:文化部周和平副部长与非遗司屈盛瑞副司长观看西湖区西湖龙井茶项目展示 厉剑飞摄

[叁]西湖龙井茶采摘和制作技艺的传承

一、传承谱系

西湖龙井茶传承（发展）谱系（表）

年代	产地	传承人（代表人物）	茶名
唐代	天竺、灵隐	灵竺佛门寺僧	山茶
宋代	白云峰、香林洞	佛门寺僧区域茶农	白云茶、香林茶（草茶）
元代	狮子山、天池	佛门寺僧（辩才大师）区域茶农	白云茶
明代	翁家山、满觉陇、虎跑	区域茶农	龙井茶（宝剑青）
清代	云栖、梅家坞、大清谷、小和山、老和山、龙门山、五云山	区域茶农茶商	龙井茶、龙井贡茶
民国	"狮"字区：龙井村、狮峰、天竺、灵隐 "龙"字区：满觉陇、翁家山 "虎"字区：虎跑、四眼井 "云"字区：梅家坞、云栖、梵村	区域茶农茶商	"狮"字龙井茶、"梅"字龙井茶、"龙"字龙井茶、"云"字龙井、"虎"字龙井；龙井"明前"、龙井"旗枪"、龙井"莲心"；龙井
新中国时期（1950—1970）	"狮"字区、"梅"字区、"龙"字区	阿洪师父（原名袁长洪，西湖区袁浦人）	龙井茶
第一阶段（1971—1990）	西湖乡、龙坞镇、留下镇、转塘镇、周浦乡、南山街	戚国伟、孙志明、金阿康、傅妙先（西湖乡人）、杨继昌、胡志凌	西湖龙井、龙井御茶
第二阶段（1991—2006）	西湖乡、龙坞镇、留下镇、转塘镇、周浦乡、南山街	章玉根、章如华（龙门坑人）、葛维东（龙门坑人）、樊生华（桐坞村人）、宋广永（龙坞人）	西湖龙井茶

二、主要传承人

手工炒制技艺铸就了西湖龙井的独特风格品质，也是其能经久不衰的重要因素。然而，随着机器炒茶的发展和普及，西湖龙井茶手工炒制技艺也面临着退化和失传的危机，能完全掌握传统手工炒制的传承人已为数不多。

杨继昌：男，1941年10月出生。杭州西湖风景名胜区满觉陇村人。自从十四岁开始学习炒茶，学满三年后出师，一直从事龙井茶炒制工作。1999年4月在'99相约龙井春茶会"华门杯"西湖龙井茶王大赛中获"品质优秀奖"荣誉称号。2006年4月，在中国杭州清河坊民间茶会西湖龙井炒茶名萃杯"王中王"争霸赛中杨继昌获得"王中王"称号。2008年3月被杭州市茶叶产业协会和杭州市茶叶学会评为"西湖龙井茶手工炒制高级炒茶技师"。2008年12月被杭州市农村实用人才工作领导小组和杭州市农民素质培训工程领导小组评为"杭州市新型农民技能西湖龙井茶手工炒制竞赛活动炒茶能手"。 2010年被杭州市农村实用人才工作领导小组和杭州市农民素质培训工程领导小组评为"杭州市新型农民技能竞赛炒茶能手"。为国家级非物质文化遗产项目代表性传承人。

杨继昌　陈姌珺摄

樊生华　厉剑飞摄

冯赞玉　厉剑飞摄

商建农　商建农供图

　　樊生华：男，1961年8月出生。西湖区转塘街道桐坞村人。多年从事西湖龙井茶的种植、采摘和炒制工艺，具有丰富的实践经验。曾于2004年获得"西湖龙井茶炒茶王"称号。为浙江省非物质文化遗产项目代表性传承人。

　　冯赞玉：男，1947年12月13日出生。农艺师职称，居住双浦镇双灵村。从小跟长辈学习制茶技术。1975年被推荐进初中教《农业》，后在农技站分管种植业技术，重点指导茶叶栽培和制作。退休后供职于杭州福海堂茶业生态科技有限公司。自1980年起被推选为区、市人大代表、政协委员长达二十七年。1989年被授予"杭州市劳动模范"称号。为浙江省非物质文化遗产代表性传承人。

　　商建农：男，1963年12月出生。西湖区转塘街道桐坞村人，九三学社社员，现任杭州市西湖区农业技术推广服务中心高级农艺师，杭州市西湖区龙井茶产业协会会长。1984年从浙江农业大学毕业,一直从事茶叶科技推广工作,曾任杭州市茶叶科学研究所副所长,主持和参加五十多项茶叶课题的研究和推广工作,获市级以上奖二十多项。杭州市"131"人才,全国茶叶标准化技术委员会龙井茶工作组成员,主持杭州市地方标准《西湖龙井茶手工炒制工艺规程》和《西湖龙井茶联盟标准》的制定,《西湖龙井茶系列标准》的修订。为西湖龙井茶行业管理、品牌建设、技术推广等做了大量的工作。

三、保护单位

杭州市西湖区龙井茶产业协会:为国家级非物质文化遗产代表作名录"西湖龙井茶采摘和制作技艺"的保护单位。协会是独立的法人社团,是整个西湖龙井茶产区的行业协会,跨西湖区和西湖风景名胜区开展活动,是西湖龙井茶产区茶农、企业的代表,以自我管理、自我服务和宣传发展西湖龙井茶产业为主要工作内容。协会现有个人会员九十八名,团体会员四十六个,拥有中、高级职称等专业人才数名,茶企老总、相关职能单位的业务骨干担任协会理事会成员。协会承担西湖龙井茶专卖店的确认和管理工作,西湖龙井茶茶农产地防伪标识的发放和管理工作。协会是西湖龙井茶行业的代表,组织参加"浙江省十大名茶"、"杭州七宝"等评比。协会经常组织会员参加各种会展活动,代表行业宣传西湖龙井茶基地保护、品牌建设的各项举措。

西湖龙井茶与名人

关于西湖龙井茶，有很多故事，它们与历代名人不可分割。

从白居易到辩才法师，从乾隆皇帝到新中国成立后的党和国家领导人，都与西湖龙井茶结下了深厚渊源，留下过一段佳话。

西湖龙井茶与名人

[壹]党和国家领导人与西湖龙井茶

毛泽东吃龙井茶

新中国第一代领导人毛主席，嗜好茶叶和香烟，尤精于品茶，终身不离茶水，曾写"饮茶粤海未能忘"的咏茶名句。主席每天睡觉醒来，洗脸后就开始饮茶，边喝边看报。他特钟爱西湖龙井茶，而且饮茶习惯很特别，不仅喝茶水，还将杯中的茶渣也咀嚼吃下，总是吃得津津有味。他的这个习惯还是他年轻时在家乡养成的。特别值得一提的是，毛泽东一生清廉如水，廉洁自律，不饮用公家茶叶，还常用自备的茶叶招待来客。1963年，毛主席还亲自来西子湖畔采茶。当毛主席吃到自己采的茶叶时，还抓了一把茶叶放在手上仔细观察，又闻闻香气，然后送进嘴里咀嚼起来，并说："龙井茶泡虎跑水，天下一绝。"2003年，为了缅怀毛泽东对西湖龙井茶的深切关怀，在当年毛泽东采茶处竖起了一块纪念碑，碑后有毛泽东采茶的历史照片。

刘少奇买龙井茶

刘少奇对西湖龙井茶也情有独钟，曾两次到老龙井一带，参观茶园，游览名胜。

1951年12月，国家首次试行中央领导人休假制度，刘少奇就选择杭州西湖作为休假地，偕同夫人王光美和两个孩子乘坐火车来到杭州，下榻在浙江省军区大院内的一幢西式小楼。在杭州休假的一个月时间里，刘少奇每天上午游览一个景点，或登山，或泛舟，或参观游览，傍晚在西湖边散步半小时，即使风雨天气，也从不间断。西湖风景区南北景点，到处都留下了他的足迹和身影。他来到西湖龙井茶乡参观，上凤篁岭，观老龙井，与茶农亲切聊天，频频询问茶农生活及生产情况。

刘少奇在诸多名茶中，独钟情于西湖龙井茶。每月发工资时，他的夫人王光美必定委托中央机关供应站的同志，代买正宗的西湖龙井茶，供应站每有龙井新茶，也早早替刘少奇留着。

周恩来说龙井茶

身为国务院总理的周恩来，对西湖龙井茶倾注了几多深情，耗费了不少心血，曾先后五次到西湖龙井茶产区关心茶叶生产发展，并几次陪同外宾到龙井茶产区参观，亲自向外宾介绍龙井茶的采茶、炒茶等特点。他对茶产区茶农的生活状况也倍加关心和重视，还把西湖区的梅家坞村作为自己的农业生产联系点，双足踏遍茶乡路，深情撒满龙井茶。解放初期，邓颖超同志在杭州西湖畔疗养时，周总理曾致一信给邓颖超，信中是这样说的："……西湖五多，我独选其茶多，如能将植茶、采茶、制茶的全套过程探得，你才称得起'茶王'之名，否则，不过是'茶壶'而已……"周总理的这一段话，虽寥寥数语，却幽默风趣，将他那一片爱茶之心、"探茶"之愿，和盘托出，感人至深。而且周总理也常以西湖龙井茶来招待国内外宾客，有一次周恩来总理陪外宾品尝龙井绝品"明前茶"，当他知道炒一斤特级龙井，茶农需采三四万个嫩芽叶时，不忍心将茶渣倒掉，便风趣地说："龙井味道好，这才是精华之所在啊！"说罢便将茶杯中的所有茶叶都咀嚼了，因而留下了"啜英咀华"的佳话。

朱德访龙井茶

朱德委员长也是一位茶迷，居家办公茶不离手，每次外出视察，凡遇茶园、茶场都前去参观。朱委员长六上老龙井，三次到龙坞镇外桐坞茶村，他关心茶农的生产和生活，指导茶村发展规划，留下了许多感人的故事。1952年的一天，时任中央人民政府副主席的朱德元帅首次访问龙井村，游览广福院、胡公庙，与慧森老和尚等一起品茶，了解西湖龙井茶的历史和传说，观看了近旁的老龙井和十八棵御茶，环顾四周茶园，指示要绿化好山林。慧森和尚是胡公庙最后一代住持，原籍富阳，早年曾就读黄埔军校，后出家在此终老，与朱委员长结下了深厚友谊。1981年慧森和尚以八十八岁高龄去世，葬翁家山。

1959年至1966年，朱德元帅每年冬季都到杭州来视察，登高攀顶，踏遍西湖青山。1960年1月26日，时任全国人大常委会委员长的朱德，再次来到龙井茶区。他先从九溪十八涧一直步行到梅家坞，登上狮子山，看到层层梯田，丛丛茶树，高兴地对陪同人员说："这些荒山都开发出来，在南方种上茶叶和柑橘，在北方种上核桃和柿子，这就叫'地尽其利，物尽其用'。"当晚，朱德欣然命笔，挥毫作《看西湖茶区》诗一首：

狮峰龙井产名茶，生产小队一百家。

开辟斜坡四百亩，年年收入有增加。

第二天，朱德意犹未尽，又精神饱满地登上灵隐北高峰，并即兴作诗一首：

登上北高峰，海拔三百三。缓行一时半，二次倒顶巅。

西面看天竺，北望有莫干。南对南高峰，东看大平原。

西湖在眼底，灵隐在膝前。吴山与玉顶，四面山相连。

钱塘到龙井，公路一小圈。十年植花木，盛装此湖山。

十年修公路，大圈套小圈。十年勤培养，天堂逊人间。

陈毅赞龙井茶

"将军本色是诗人",国务院副总理陈毅这位"儒帅",也嗜好香茶这杯中物,乃品茗此道中人也。他对龙井茶的偏爱,比起其他老一辈革命家亦毫不逊色。在陈毅元帅的家中,一年四季总是备有名茶——西湖龙井茶。20世纪60年代初,正值三年经济困难时期,国民经济陷于困境,物价上涨,龙井茶也涨到60元500克。陈老总一个月要喝750克茶叶,就要花费90元。这对家里人口多而又自律甚严的陈老总来说,确实是个不轻的经济负担,其夫人张茜每每为此发愁。于是,他们一家只好强忍茶瘾,暂时"告别"了龙井茶。困难时期过去之后,1961年8月,陈毅副总理陪巴西合众国总理若奥·古拉特一行参观访问了梅家坞。茶客访茶乡,心潮逐浪高。耳濡目染茶区那日新月异的新貌,陈老总不禁诗兴盎然,即兴挥毫,写下了一首洋溢着对茶区的关注和赞赏之情的五律诗《梅家坞即兴》,诗云:"会谈及公社,相约访梅家。青山四面合,绿树几坡斜。溪水鸣琴瑟,人民乐岁华。嘉宾咸喜悦,细看摘新茶。"

邓小平赠龙井茶

党和国家的第二代、第三代领导人邓小平、江泽民、乔石、李鹏等先后来到龙井茶区给予亲切的关怀和指导,并把西湖龙井茶作为一种礼仪之交,作为与外宾礼尚往来之物。邓小平同志爱喝龙井茶,也爱抽点烟,在三年困难时期,一向精打细算、省吃俭用的卓琳对邓小平舍得开支。每天上午下午，她均要给邓小平泡上一杯浓浓的龙井茶。邓小平喝后，她自己则接着喝剩下的茶渣。邓小平喜欢喝龙井茶的习惯一直持续到晚年。可以说邓小平长寿的原因，与喜爱喝龙井茶有很大的关系。邓小平同志出国访问和接待外国领导人时，也常把西湖龙井茶作为礼品赠送，像新加坡的前总理李光耀就常受到邓小平同志这方面的招待。

江泽民题龙井茶

江泽民任中共上海市委书记时，曾在1986年10月，在上海用西湖龙井茶招待来访的英国女王伊丽莎白二世。

1991年10月24日，中共中央总书记江泽民前往坐落在西湖龙井茶乡的中国茶叶博物馆参观，观看展览和虎跑水泡龙井茶表演，随后写下了"江泽民于中国茶叶博物馆"。

2003年10月18日，江泽民在浙江省和杭州市领导的陪同下，视察龙井村和新建设的龙井御茶园景区，对龙井村现代化新面貌，优美风景和龙井茶文化同为一体的龙井御茶园景区予以充分的肯定，并在十八棵御茶园旁拍照留影。后又到梅家坞参观，亲笔题写"梅家坞"三字。

李鹏观龙井茶

1998年4月17日，国务院总理李鹏在浙江省和杭州市领导陪同下，到周恩来生前五次亲临视察的梅家坞村，参观了周总理纪念室和展出的珍贵图片资料等，并应邀在纪念室的题词簿上签名留念。随后又来到了采茶姑娘们中间，和她们一起采茶，还参观了村民炒制茶叶的现场，他对村民们说："你们这里山好、水好、人好、茶好、风景好，是个好地方。"

[贰]当代名人笔下的西湖龙井茶

陈学昭与她的长篇小说《春茶》

陈亚男

母亲陈学昭怎么会想到写《春茶》呢？这还得从1942年说起。1942年5月，在延安，母亲聆听了毛泽东同志在文艺座谈会上的讲话。座谈会结束后，文学家们积极响应"文艺为工农兵服务"的号召，纷纷上山下乡。

1949年8月，母亲回到她的第二故乡杭州，准备定居在杭州，然后下乡体验生活。可是由于开会和学习，她仍旧常常要去北京。

1951年，她又去北京，在怀仁堂参加了一个晚会，会上遇见胡乔木同志，胡乔木同志很关心她的写作，问到她的写作计划。她回答说：有三个地方可供选择，比如水稻地区、渔乡、茶区，只是举棋未定，不知去何处。胡乔木说，茶区好呵，都是劳动人民么。这句话给她很大启发，她急匆匆地离开北京赶回杭州，经省委组织部同意，1952年她去了茶区。首先到茶乡龙井村体验生活，住在龙井茶场里，而龙井茶场当时就设在龙井寺里。这时茶区正在试办合作社。大概

《春茶》作者陈学昭　陈亚男供图

由于她上山下乡地跑，累了，她的老毛病血崩又犯了，经医治稍有好转，她又急着回到龙井。一天，正是清明过后，陈毅、聂荣臻、李伯钊三人为免得引人注意，从九溪步行到龙井看她。见她面带病容的样子，李伯钊关切地劝她先回北京疗养一段时间，她谢绝了。

1953年，她到梅家坞村体验生活，住在茶叶收购站的楼上。那时梅家坞村茶农试办茶叶生产合作社，让她担任党支部组织委员，在梅家坞建党的基层组织。就在这一年，她开始《春茶》的创作，直到1956年上半年，她还在继续修改《春茶》。

过了一年，8月里，正值我放暑假在家。一天下午四点多钟，母亲手里提着一个用纸包扎的包裹，行色匆匆地进了屋，把包裹放在桌上。她迅速拆开包装纸，露出摆放得整整齐齐的两小撂书。我走过去细看，是《春茶》。书出版了，该是件高兴的事，然而母亲脸上却不见笑容。她脸上分明写着她有心事。没说一句话，迅疾地朝我看了一眼，默默地走进书房，坐到写字桌前，伏案执笔。后来我才知道她在给北京的大姨陈宣昭（吴觉农先生的

《春茶》书影

夫人，年轻时与我母亲因投稿相识，后来两人结伴为姐妹）写信。因为那时她已被划为"右派"，《春茶》一出版就在杭州各家书店停止销售，写信给大姨的目的就是要了解北京的书店是否也不出售她的《春茶》。不久，大姨回信告诉她，《春茶》在北京遭到同样的厄运。在母亲身边仅有二十册送给她的样书，《春茶》还未在市面上好好露脸就消失了。确切地说，这是《春茶》的上集。

五年后，即1962年，母亲被摘掉"右派"帽子。不久，省委宣传部领导鼓励她去农村参加"四清"运动，她决定去满觉陇，住在下满觉陇村一户贫农家，与这家的戚奶奶相伴，做些力所能及的家务。她坚持早已养成的习惯，每天记日记，为她后来创作《春茶》下集积累了素材。第二年"四清"运动告一段落后，她回到了家中。

"文化大革命"期间，许多领导干部和老文艺工作者受到政

治上的冲击，我母亲也未能幸免。那时，她白天到原工作单位杭州大学图书馆写交代、搞卫生、整理报纸或者编期刊卡片等，晚上继续她的写作。这样日积月累，当1979年宣布她的政治问题给予改正后，各杂志社、出版社向她约稿时，她很快地拿出早已写好的稿件。就在这年6月，《春茶》（上下集合印本）出版，沈雁冰先生为该书题写了书名，版画家赵宗藻先生为该书绘了插图，邵秉坤同志做了封面设计。

　　母亲喜欢谈《春茶》这本反映茶农生活的小说，一提起这本书兴致总是很高。她曾对我说："《春茶》的创作是有原型的，书里写的那个'狗儿'，真是这样一个人……"母亲还告诉我，龙井的茶农是极有民族气节的。抗战期间，日本侵略者几次到龙井村去抓人，包围整个村子，茶农藏在南高峰的山里，就是不出来，饿得吃青草，甚至风餐露宿，他们硬是不屈服。母亲从心底里尊敬这些茶农，因为他们善良、不势利，无论龙井的、梅家坞的，还是满觉陇的茶农，他们待她就像自家人，母亲因此还结交了一些茶农朋友。即使她是"右派"分子期间，以及"右派"帽子虽然摘了，城里人仍把她视作"右派"对待期间，茶农待她始终是一种态度，一直称呼她"陈同志"。母亲最早带我到龙井，就是在她"摘帽"后。

　　回想那个时候，从杭州城里到龙井还不通公共汽车。母亲带我去龙井，总是坐三轮车，这是母亲最信任的交通工具，即使不认识路，凭地址，三轮车工人总会很负责地把你送到你要去的地方。从里西湖过去，到岳坟后转弯，经茅家埠，然后到龙井山脚下的石阶前停下，两人慢慢地走上山去。母亲到龙井常去找戚邦友的母亲聊天。若是去满觉陇，就乘4路车到四眼井站下车，沿着一条碎石子路走上去，母亲就去找左文友书记，还有"四清"时她住宿的房东戚奶奶。

母亲步入老年期间，每逢桂子飘香时总是要去满觉陇访友赏桂。到茶区访友叙旧，已成为她的一种休闲方式，与老朋友在一起，心情总是格外舒畅。

（作者为浙江省作家协会会员、著名作家陈学昭女儿）

我创作《采茶舞曲》的经过

周大风

一

1957年夏，我到老作家陈学昭同志家做客，她说她最近在梅家坞体验生活，为的是写反映茶农生活的长篇小说《春茶》。她又告诉我最近周恩来总理陪外宾去过梅家坞，对龙井茶倍加欣赏，对龙井茶末尤感兴趣，说茶末价廉物美，是极品。她又说，周总理曾说，好山好水好茶叶，可惜缺少专写茶叶的文艺作品来反映。

于是，陈学昭就建议我到梅家坞去体验生活，然后写一支反映茶区生产及茶农生活的好歌出来。这就是我谱写《采茶舞曲》的最初动机，应该说它是总理赐给我的。

我于一周后即去梅家坞，与姑娘们一同采茶，又看老茶农们炒茶。在与茶农们接触之中，又听到了有关周总理在梅家坞平易近人，向茶农们问长问短的一些情况。其中给我印象最深的是周总理指出农业生产要发展，一是集体化，二是电气化、机械化，采茶、炒茶将来也要摆脱传统的生产方式，用机器来操作，但质与量一定要比目前的更好。接着，我又去请教老茶叶专家庄晚芳同志，他说他也听到周总理在梅家坞的一些指示，并说总理对茶叶是内行人，总理指出的机械化、电气化方向，也正是他们搞茶叶科研应努力的。庄晚芳同志也鼓励我写个歌曲或剧本出来，主题思想就是技术革新。从此，我确定了写作的主题。

二

1958年的初春，在黄龙洞省艺校，省文化工作者开了一个文艺界"跃进"大会，我即兴写了一首茶叶方面的歌词。写完后反复地默读，发现都是一些概念化的词句堆砌，自己不满意，也就把它丢在字纸篓里了。深感对茶区、茶农、茶叶生产缺少深入的了解，在感情上更激发不起波澜。因此，于会议之后，我立即奔赴泰顺茶区体验生活。

我在泰顺东溪、泗溪等茶区生活半个月，心中总是念念不忘地想立即写出一首歌词来。不知写了多少稿，始终不满意，后来想起周总理对文艺工作者讲话中曾有一句"长期积累，偶尔得之"的话，感到不能性急，还是老老实实地与茶农在一起同生活、同劳动、同甘苦，更多地体验生活为好。

两个月以后，将近立夏节。茶农们忙得不可开交，白天插秧、采茶像打冲锋，晚上点灯炒茶叶直到深夜。因为农业生产的季节性极强，过了立夏节，插下的秧就长不大；茶叶过了一夜，嫩芽就变老。故农谚有"插秧不过立夏关"，茶叶"今天是宝，明天是草"的说法。由于群众的抢季节观念很浓，再加上当时"大跃进"之风吹进了偏僻山村，农民的劲头相当高。他们的口号是"多快好省"、"一天顶两天"。

农民们的生产热情和干劲感动了我，再加上在梅家坞时，茶农常谈起周总理曾鼓励他们 "一吨茶叶好换七吨钢"、"多采茶叶好多换钢"、"炒茶也要用机器"。因此，在立夏节那天，我突然灵感涌上心头，信手落笔写了两段歌词，并立即配上曲谱及乐队伴奏总谱，前后不过一两个小时，真如总理所说的"长期积累，偶尔得之"。我真正体会到搞文艺创作必须"因感而作，由情而生"，"情之所至，音之所生"。歌词是这样的：

溪水清清溪水长，溪水两岸好风光。

哥儿们，上畈下畈勤插秧，

姐妹们，东山西山采茶忙。

插秧插到大天光，

采茶采到月儿上。

插得秧来密又快，

采得茶来满山香。

你追我赶不觉累，

敢与老天争春光。

溪水清清溪水长，溪水两岸采茶忙。

姐姐呀，你采茶好比凤点头，

妹妹呀，你摘青好此鱼跃网。

一行一行又一行，

摘下的嫩茶篓里装。

千篓万篓千万篓，

篓篓茶叶发清香。

多快好省来采茶，

好换机器好换钢。

  第二天，我刻了钢板油印后，请两位小学教师教该校的小朋友们唱。哪知小朋友一唱就会背，且有的自发地手舞足蹈起来。于是，这两位教师也顺着小朋友们的兴趣，领他们到茶山上边采茶边唱歌。次日放学前，更集中全校小朋友们在操场上边唱边跳，跳的舞也即是真实的采茶动作稍加夸张及用队形变化使之更丰实。我高兴极了，更体会到文艺创作"源于生活，高于生活"的真谛。

三

歌曲创作出来了，定名为《采茶舞曲》，心里放下了一块大石头。

因为我当时担任浙江越剧二团艺术室主任，而浙江越剧二团按演出合同，在6月即要出省到上海、青岛、天津、北京诸地去演出，并且还要以男女合演的形式上演上海现代剧目。为时一个月了，而尚缺一个反映当前现实的大型现代剧剧本，这时我有些急了。于是，一块大石刚放下，心里又沉重地背上另一块大石。选什么题材好呢？

我又想到周总理的话，要文艺工作者写些反映茶农生活的作品，这当然也包括剧本。因此，灵机一动，就在泰顺茶区里安心住下，花了三天三夜时间，把我过去所积累的有关茶叶生产及茶农生活的素材，有选择地写进剧本中去，写出了一个九场大型现代越剧《雨前曲》。剧本写成后，即赶赴正在文成县巡回演出的越剧二团。因为时间紧迫，就由我自己作曲并设计舞台美术，团长陈献玉同志及王瑷同志执导，昆曲前辈沈传锟担任技术指导。同志们翘望着的大型现代剧终于在几天内排演出来了，连同一台现代小戏，回到杭

采茶舞曲

1=G 2/4

中速　轻轻地

浙 江 民 歌

周大风作词编曲

(1 2 6 1　5 6 3 5 | 1 2 3 5　2 2 | 5 6 3 5　2 3 1 2 | 6 1 2 3　5 5 |

1 1 6　1 5 3 | 2 2　3 | 6 1 5 6　3 5 1 6 | 2　- |

3 3 5　2 3 2 1 | 1 2 1 6　5·6 | 1·6　1 2 3 5 | 2 (1 2 3　5 6 3 5) |

1.溪水　　　清　清溪　水　长，
2.溪水　　　清　清溪　水　长，

2·7　6 7 6 5 | 3 5 2 3　5 0 | 5 2 3　2 1 6 1 | 5 (6 1 2　3 5 2 3) |

溪　水　两　岸　好（呀么）好风　光。
溪　水　两　岸　采（呀么）采茶　忙。

6 6 1　5 0 5 | 6·1　6 1 | 1 2 3 5　2·(3 | 6 5 3 5　2 1 2) |

哥哥　（呀）你上畈下畈　勤插　秧，
姐姐　（呀）你采茶好比　凤点　头，

6 6 2　7 6 | 6 6 2　7 6 7 | 5 5 6　5 (3 2 3 | 6 1 2 3　5 6 5) |

妹妹　（呀）东山　西山　采茶　忙，
妹妹　（呀）你采茶　好比　鱼跃　网，

6 1　1 6 1 | 1 2 3 5　2 0 | 3 3 5　3 3 2 | 1 2 6 1　2 0 |

插秧插　得喜洋　洋，采茶　采得　心花　放。
一行一　行又一　行，摘下的　青叶　篓里　装。

5·3 53 | 65̂3 20 | 5·3 21̂6 | 5·6 10 |
插的秧来 匀又 快， 采的茶来 满屋香，
千簍万簍 千万 簍， 簍簍茶叶 发清香，

2 2̂3 | 535 20 | 335 61 | 235 20 |
你追 我赶 不怕 界，
茶叶 出口 销海 外，

5̂·3 2̂1 | 66̂1 50 | 25̂3 2356 | 1· 35 |
敢与 老天 争 春 光，
好换 机器 好换 钢，

2 2̂3 21̂6 | 5 — ‖ 335 231 | 66̂15· |
争（呀么）争春 光。 左采 茶来
好（呀么）好换 钢。

1·2 3235 | ⌒2 2 — | 335 21 | 61 | 24 32 |
右采 茶， 双手 两眼 一齐

1 — | 2 2̂3 | 7̂6 7 | 22 75 | 6·5 3 |
下， 一手 先来 一手 后，

5̂·3 2̂1 | 6·15 | 3·5 21 | 60 10 | 30 10 |
好比（那） 两只 公鸡 争米 上 又

1·5 61 | 5 — | 21 23 | 51̂ 65 | 45 654 |
下。

（5·6 43

州请省委宣传部及省文化局领导审查。经批准后，准时于6月6日到上海首次公演。至此，我的心才彻底轻松下来。

《雨前曲》的主题思想，是根据周总理在梅家坞作的有关指示而构思，同时参照了5月份刚发表的刘少奇同志长篇讲话《技术革命与技术革新》的精神，写的是以哲学上"平衡—不平衡—再平衡—再不平衡……"的理论，来推动生产发展及社会进步的故事。矛盾和剧情围绕立夏前茶叶生产与粮食生产互争劳动力展开，同时，又反映了采茶多了，炒茶来不及这种"采"与"炒"之间的矛盾。先是青年们商量改用土机器炒茶，使得采茶姑娘来不及采；于是姑娘们创造出双手采茶，又使炒茶来不及；最后，改进了机器，提高了功效，使矛盾重新得到解决，产量质量均有所提高。全剧三个小时，出现了五次《采茶舞曲》，并增加了一个《双手采茶舞》。由沈传锟老师及

《采茶舞曲》的作者周大风和演唱者叶彩华在茶园里合影

女演员王瑗同志设计的舞蹈动作及队形变化，既合乎真实生活，又有很高的艺术性。这就是《采茶舞曲》最早的样板。虽然以后又由浙江歌舞团及中央歌舞团进行了加工、丰富、提高，但它的基础依然是来自浙江越剧二团的。

这个戏在上海公演后，中国唱片公司即录制了《采茶舞曲》第一版唱片，并作为

浙江人民广播电台的开播曲。《雨前曲》也由上海文艺出版社出版，并绘制了连环画。我们团每到一地，均同时举办一次越剧男女合唱音乐会。《采茶舞曲》是音乐会上最受观众欢迎的，因为它载歌载舞，轻松、愉快、热烈。

四

1958年9月11日，我们正在北京长安剧场公演《雨前曲》。开演前半小时，团部接到了通知：周恩来总理及邓颖超同志今晚前来观戏。但要求不要向同志们宣扬，并告知幕间休息时总理也不去休息室。当时，新来的团长俞德丰及秘书何之民负责后台管理工作，我与保卫人员数人同在二楼观众席中观察秩序，底楼则由保卫人员负责。

我在二楼观众席最前排坐定，到开幕为止，并未发现总理。保卫人员相告，总理开幕前两分钟已就坐在普通观众席的第六排。我仔细地往楼下看，似也未发现总理的身影。原来周总理那晚穿的是普通干部服装，使身边的观众也没察觉到。休息时，我往楼下一看，只见周总理低着头在看说明书，观众们仍未发现他。十分钟过去，后半场继续开演了，我的心情才平静下来。

戏将结束，我急忙奔向后台去，在舞台边看演员们谢幕。大幕徐徐地降落了，我正想走到观众席上去，突然，从小楼梯上走来了周总理，我就喊一声"总理"，又问他："邓颖超同志一同上台来吗？"

总理说："她已自己回去了。"他问我："你是搞什么的？"我说："搞作曲的。"他说："你们乐队太响，放在舞区前面，造成了一道音幕。以后还是放到舞台前一角去吧，或者搬到两侧灯光处去。要考虑到让观众听清楚唱词啊。"

总理的话未说完，演员们、舞台工作人员都围到总理四周了，大家都亲切地向总理问好。总理也笑容可掬、兴致勃勃地站着与大家交谈了一个小时。"越剧是我的家乡戏嘟！"总理拉家常似的打开了话匣子，"今天请你们谈谈男女合演的现代剧。"总理关切地询问浙江省现在有几个男女合演的越剧团，我们告诉他约有十几个，业余的则有几百个，一般在春节活动。他又问上海越剧团的男女合演情况，我们告诉他也搞得很好，而且上海戏校还培养出了几十位男演员……末了，总理语重心长地说："男女合演越剧要像人民公社一样蓬勃发展起来，你们也要继续向女子越剧和老演员们学习。"他的这番话，对男女合演越剧尤其男演员是极大的鼓舞。

总理接着谈了《雨前曲》的剧本。他说："反映茶农生活是好的，只是剧本的艺术性还要加强。这就要多学习研究传统戏曲的许多巧妙方法。这个基础很重要。毛主席指出'推陈出新'嘛。"

总理又对我说："这个《采茶舞曲》的曲调还不错，有越剧风味，也有时代特色。只是歌词中有两句需要修改。'插秧插到大天光'这不符合党的劳逸结合的政策；'采茶采到月儿上'也不好，露水茶是不香的。说明你缺少生活，还应补课。我希望你到梅家坞去生活一个时期，把两句歌词改好它。我是要来检查的。"我说一定照总理指示办。大家说总理对采茶叶很内行，他笑着说："过去我也采过茶叶。"

总理又问演员们："你们去过梅家坞采过茶叶吗？"演员们纷纷回答说曾去过、也采过茶。总理说："你们是单手还是双手采？"我们告诉总理，双手采茶是今年才提倡的，并且还在杭州西湖区举办了双手采茶比赛，有的还评上采茶能手。总理说："你们跳的采茶舞，为什么手要向天上摘，又弯着腰往下面摘，似乎夸张太大了，艺术上夸张是需要的，但也不能太过分。"

我们询问总理是否请毛主席来看戏，总理笑着回答："毛主席很忙。"我们感谢总理来看戏，总理说："家乡戏我当然要来看，不过其他剧团的戏只要我有时间也会去看，要一视同仁。"

总理还认出了好几位演员，说在杭州时一同跳过舞。他的记忆力真是惊人，有的他还叫得出名字来。

最后，我们与总理一同合影，才依依不舍地目送总理步出剧院。

五

自此之后，我的脑子里始终在考虑如何修改这两句歌词，但因为工作繁杂，只能时隐时现地在头脑中打转。也多次想去梅家坞，又因为两部戏曲电影的作曲任务缠身，使我不能如愿，心中惴惴不安。

后来，我终于到梅家坞去了，这应该说是总理所说的"补课"。但是很长一段时间过去了，依然改不出来。与几位文艺界朋友商量，也毫无结果。省文化局局长丁九同志曾写信给我，要我迅速把歌词改出来。因为原歌词不符合政策，又录下了唱片，影响面大，不宜再作广泛宣传；作为一名作者应有责任感，以不负周总理的期望。局长的催促，使我更着急了，就去找陈学昭同志商量，但还是没有下文。

"山穷水尽疑无路，柳暗花明又一村"，正当我苦闷之时，一天，正走在梅家坞村口的大路旁，突然，远处有一辆小轿车疾驰而来，戛然停在我的身旁。定睛一看，周总理走了出来，说："你究竟来了。歌词改出来没有？"我说："还没有找到适当的词句。"周总理就说："要写心情，不要写现象。"接着，他叫一位秘书记下来，交给我说："我建议改为'插秧插得喜洋洋，采茶采得心花放'。为什么这样写，'喜洋洋'、'心花放'让唱的人听的人自己去想。说得太直了就不是文艺作品，你看如何？供你参考。有什么更好的词句还可以改。"言毕，他紧紧地握了握我的手，就上了汽车。临走还说："好的作品往往是改出来的，当然也有出口成章的，那是奇才。我还有外宾任务，希望你把歌词改得更好。"他向我挥挥手，车开走了。接着，外宾的轿车便接踵而来。

多么谦逊，多么亲切、热情；才思如此敏捷，记忆力又是那么惊人。在日理万机的情况下，几年后还关心着这样一件小小的事，不禁使我感佩不已。

不久,《采茶舞曲》再次录制唱片,由浙江歌舞团叶彩华同志录唱,用的就是总理修改过的词,联合国教科文组织也曾把此歌作为教材。

六

可是,在周总理修改歌词五年之后,"文化大革命"开始了。别有用心者把《采茶舞曲》打成"反党反社会主义大毒草"来批判,说歌词中"换机器换钢"是卖国主义,还在梅家坞和杭州的几个工厂多次召开批判会,我当然成了批判的重要对象。1971年春,柬埔寨西哈努克亲王来杭,点名要看《采茶舞曲》。总理把此舞安排在欢迎队伍里,亲王在宾馆看台上看了好几遍,才让群众次第退场。当时的"造反派"不明白既是"大毒草",为什么还要招待外宾。后来听说是总理的安排,也就不再攻击了,而且还于1973年在广交会上公演。

舞蹈《采茶舞曲》　厉剑飞摄

可是1974年"批林批孔"一开始,《采茶舞曲》又受到了火力更猛的批判,且把矛头暗暗对准周总理,说这是"回潮复辟"。

　　1975年,中国歌舞团要出国访问演出。当时,周总理已患重病,但他还是抱病检查了歌舞团的节目单,并提出要把《采茶舞曲》带去。当时,我正在北京,就与中国歌舞团演员在西苑宾馆一同参加排演。这是周总理最后一次关心《采茶舞曲》。几个月后,总理就与世长辞了。但是他的品德、学问及对人民的忠诚,对革命的贡献,却永远让人怀念。闻悉总理噩耗的当晚,我十分悲痛,写了一首《霜天晓角》的词,以寄哀思:

　　　　巨星陨落,神州尽号哭。

　　　　忙碌一生无私,为革命,多磊落。

　　　　恩泽被万物,豪气贯日月。

　　　　奋起同继遗志,在九天,请监督。

　　"文化大革命"结束后,我辗转哈尔滨、大庆、广州、珠海等地。每到一地,听到《采茶舞曲》播放或看到演出时,心头总会泛起阵阵热浪,会格外地唤起对周总理的怀念:他慈祥和蔼的音容,会突然地浮现在我的脑海里。周总理,你永远活在我们心中!

　　　　(作者为中国音乐家协会常务理事、音乐教育委员会副主任,
　　　　浙江省教委艺术委员会顾问)

"茶人三部曲"与西湖龙井茶

王旭烽

　　《茶人三部曲》的原创种子,是在龙井双峰村的中国茶叶博物馆播种萌发的,三卷本中每一卷都和龙井村、龙井水、龙井茶分不开。小说自创作开始以来,已经历了十五个年头,梳理一下小说与龙井茶之间的关系,倒也是一件应该做的事情。

　　我是杭州人,少年时代,每年春上,会随着学校的组织去杭州郊外山中采茶,因此十三四岁之时,就已经到过龙井村了。白天采茶,晚上就打地铺住在山下一处从前的旧庙里。后来才知道,这庙就是传说中的乾隆当年下御马歇脚之处。

　　有一年采茶,我们还在烟霞洞住过,采的茶据说立刻就送到北京,给中央领导喝,算是政治任务。后来研究茶文化,知道这也是历史上贡茶的一种延续吧。

　　虽说年少不更事,也没想过将来会写130万字的茶小说去获茅盾文学奖,但龙井茶还是以这样一种亲历的姿态深深地印在我的记忆之中。

　　1989年底调到中国茶叶博物馆筹建处,才知道博物馆所在地是双峰村。每天上班都要从龙井路进入,一

王旭烽 茶人三部曲

拐弯就好像走进一部绿色的大书，马路两边的茶园，就像翻开的书页，特别是右边茶坡处弓起一条美丽的弧线，上面长着一排高大的棕榈树，插在茶园中，非常潇洒，这就成了我以后小说中多次用到过的场景。前不久我还专门去树下寻访了一次。不禁想，要是人们知道，在这些树下的茶园中，我曾经让小说中的人物发生过那么多的故事，那该多好呀。

1990年春天，一起在茶叶博物馆工作的同事吴元明告诉我说，老龙井村有一座胡公庙，庙内有一眼老龙井泉，还有两株大梅树，是宋梅，而且曾经死后复生。门前有十八株御茶。这些茶中典故点燃了我想去探访的热情。一个中午，我们一行数人便去了龙井山中，以后我写了一篇《龙井问茶》，传递了我当时的心情。

自"茶人之家"，折入龙井路。两旁茶园逐渐显露，茶农耕作，姑娘采茶。阳春，你看新芽今日暴绽，明日舒展。深秋，龙井一路，银杏树金黄，衬着满坡茶园，如凝固的浓绿瀑布。盛夏，南高峰一带风烟变幻，白云苍狗。严冬，又有溪畔芦花在阳光下闪着透明的光泽，拔一蓬回家插入瓶中，几年也不凋落。这条龙井路，实在是不亚于南山路、北山路的风景线。路好车少人马稀，你可骑车，亦可步行，山阴道上，应接不暇。往左一拐，是"英名盖世三叉口，杰作惊天十字坡"的盖叫天墓。被国民党杀害的《申报》主编史量才亦葬在此山中，水竹居刘庄紧挨其旁。

　　再正路前行，便是当年林彪的"五七一"工程，现在的浙江宾馆，早就对外开放，任人参观。宾馆对面有一大片葡萄园。葡萄熟了的时候，游人自可入内采摘，出门论斤称买，现在都已成了茶风景的专门旅游处。那后面茶园间，白墙红瓦、错落有致的庭院式建筑群，就是全世界独一无二的茶专题博物馆——中国茶叶博物馆。我曾在那里工作过几年，参与了茶博馆的筹建开馆工作，和那里的同事们结下很深的友情。茶博馆也是杭州对外开放的窗口，在我的印象中，大凡国家级的内宾外宾来，都要到茶博馆的。我自己的亲朋好友来，也往往带到茶叶博物馆，然后由我自己给他们讲解。当年茶博馆第一批讲解员，也是我负责培训的。记得当时让这些连文言文断句都不懂的姑娘们背诵陆羽的《茶经》，背不出的人急得直跺脚。后来有个姑娘去日本了，回来时跟我说，她在日本讲中国茶文化，那点基础，还是那时死背《茶经》时打下的呢。茶博馆这些年来越办越有规模了，讲解员也已经换了好几代了，我离开那里也已经好多年，但对茶博馆的感情依旧。谁说人一走茶就凉呢，我的那杯茶永远散发着温暖的清香。

　　从茶博馆出来，车路渐入山中，林深叶茂，树影绰约，大有吴冠中所画之袅娜的南方之树的风格。现在，我们可以进龙井而问茶了。

　　龙井问茶，不知道问过多少次了，每次与朋友前往那杭州西郊的山中，一路上都会问出许多情思。想那龙井千古茶，前人之述备

王旭烽作品《爱茶者说》书影

矣。故，我欲龙井问茶，意非在茶，亦非在龙井，只在那寻寻觅觅之间。秋高气爽，夕阳西下，我于双峰村旁，忽见金色银杏树一株，亭亭玉立，宁静安详，斜阳下如孤独美人。溪畔芦花，落晖中透明如纸，新铺的柏油路从灌木丛中脱颖而出，仿佛一头平坦通向红尘，一头蜿蜒伸往世外。

悠然地，便想起东山魁夷的北欧风情画，这个十分熟悉的地方，突然陌生，有一种异国他乡之感了。

我便问，这就是龙井吗？

多少外来游客去龙井，总得上龙井茶室喝茶，有点兴致的，还往龙井村，到晖落坞，观御茶室，再涉九溪十八涧，赏那高高下下树，丁丁冬冬泉。直至钱塘江畔，六和塔前，一番游历才告尽兴。

我是钱塘人，应知钱塘事。自然觉得此等游历不够别致。同行者有远明兄，便告诉我龙井尚有若干为人鲜知的景观。有宋梅两株，八百年沧桑，又有破败寺庙，残砖剩瓦，最能发古之幽情的。况且真正的老龙井，亦在世人忽略的山深处。手头有张岱的《二梦》一本，从中又知风篁岭上有一奇石，名"兴来临水敲残月，读罢吟风倚片云"。而经历过数百年岁月，此中江南名石，又往何处寻访。

龙井的老银杏树也多。倘说双峰的银杏被视为孤独的美人，那么，此处株株浓丽挺拔的银杏，便是一幅群英图，雍容华贵，如法国巴黎之名模。同行者便大呼小叫，赞叹喧哗不迭。秋光明媚，敢胜春潮，竟使人想起电影《战争与和平》中安德烈在老树新叶的春天跃马奔驰，心灵复苏的情景。

行至晖落坞，有御茶室，自有另一番风光。接待的女人依旧美丽，问茶价几许，果然如数家珍，一问茶事，竟然滔滔不绝，让人无插嘴之空，真正就是一个"阿庆嫂"。

离开大路，寻寻觅觅，终究还是无法不言茶，靠个熟人指点，径直便向狮峰走去。

狮峰有十八棵御茶在，竟也生得平常，不作宠物貌。有人说是乾隆所栽，又有人说是乾隆所封的。还有人说，龙井茶是夹在书中夹扁后，被皇后认可的。一言定乾坤，从此便只可扁下去，扁下去了。

上百年后，传说在一架从中国大陆回美国的飞机上，周恩来赠给基辛格的两斤龙井茶，竟被随员们一扫而光。只因龙井茶是"无味之味乃至味"，于是基辛格只好再向周先生索茶。这样的传说越多，龙井茶也就越"文化"啦。

十八棵御茶后边，是门额上题有宋广福院的人家住房，也就是各种文章中一再引用的正宗的胡公庙。这个胡公庙，是上龙井的所在地，那下龙井在风篁岭上，往上追溯，那里便是东坡密友、高僧辩才的不争之地了。

辩才这个人，乃老龙井寺的开山之祖，和苏东坡很要好，也算是个宋代的高僧。他原来是在天竺寺当方丈的。天竺这个地方，按"茶圣"陆羽记载，是产茶的绝佳之处。但辩才住持的天竺寺庙，方外之地，竟也闹起红尘是非来，辩才欲脱尽那些人事纠纷，便来到了这里，准备终老于天竺之南山下的寿圣院。

史书记载，这寿圣院原建于吴越乾祐二年，最早叫看经报国院，北宋熙宁时改名寿圣院。辩才到这里后，龙井名声大振，香火大旺，僧众多达千人。寺院又在狮峰山顶开辟茶园，龙井茶的名声，实在就是起源于此的。南宋时，寿圣院改名为广福院。而老龙井，因北宋大臣胡则葬于此地，又供了胡则像，民间习称便叫胡公庙了。

胡公庙前有桥，桥下有狮子泉。真正好泉水，桥却是普通的，很难考证乾隆是不是真的在此下马歇脚，品茶封号。明代正统三年，也就是公元1438年，这个寺庙才迁移到现在众所周知的风篁岭上的龙井寺里来，这几十年来，龙井寺改成了龙井茶室，春来秋往，茶客如云。你看这诗联也作得妙——泉从石出情宜冽，茶自峰生味更圆。把个好茶好水，都赞美到家了。

风篁岭上的龙井，实际上又是泉名，又是寺名，又是茶名。因泉而建寺院，有寺院而栽茶树。龙井泉原名龙泓，是个圆形泉池，涓涓山泉从山岩层石之间流入龙泓池，奔入风篁岭下的溪流之中。常有人拿着小棍去搅动泉水，水面上便会出现一条分水线，似游丝，不断摆动。这是由于地面水和地下泉水相互冲击，因流速不同和比重差别所形成的。

而真正有老龙井的胡公庙则一派静哑，当年去山间访茶时，一入山门，那葛姓的主人还出来迎接。胡公庙内无胡公，昔日香火，过眼烟云耳。一株落尽了叶子的乌桕树，高挑着深秋的最后两片红叶，从残墙旧瓦后伸来，像日本画家斋藤清的套色木刻。

庙内两株宋梅却生得蓬蓬勃勃，绿叶满枝。主人说已有八百年历史，两株梅边落叶边开花，花期达3月之久。又闻三十年前，此二梅曾经死去，后又在根部发芽再生。咦，竟是涅槃后的梅花。

主人又带我们去看庙旁老龙泓。张岱记载说，南山上下有两龙井。上为老龙井，一泓寒碧，清冽异常，弃之丛薄间，无有过问者，其地产茶，遂为两山绝品。看来，这老龙井寂寞山间，至少也有数百年之久。以手掬之，水是好水。岩壁上书有"老龙井"三字，主人说，此乃苏东坡手书，未经考证，不知确否。主人还告诉我们，胡公庙末代住持慧森1981年八十八岁时圆寂，早年曾经是黄埔军校二期的学员呢。

自原路归，过下龙井，风篁岭下南天竺，林深叶茂，树影绰约，斜坡上往右一折，静悄悄的一块墓园，竟是当年死得惊天地泣鬼神的仁人志士徐锡麟、马宗汉、陈伯平之墓。墓地亦被一片茶园包围，此刻英雄大默如雷，和簇拥他们的灵魂的茶园，倒也相得益彰，互映成辉。

　　再往下行，便是双峰村前的中国茶叶博物馆了。茶叶博物馆刚刚筹建的时候，这里除了山风鸟语，便是一片茶园，几乎没有什么人来。茶博馆建成之后，路口那家小饭店开始热闹起来，几年之后，路口一带，竟然成了一个热闹的茶事集中地，此处可以品茶，可以吃饭，也可以歇脚。夏天的夜晚，一溜的红灯笼，喝夜茶的人们就赶过来了。

　　夜茶品罢归家，若从龙井路上回，会看到，两边的茶园，像对翻开的茶书，一行一行，都是浓烈的绿色勾画而成。其中一弓斜坡上，有一排高大的棕榈树，它们突兀地立在茶园中，大叶子摇摇晃晃的，像是阔衣畅袍的僧人们月下归来。此时天上一轮明月清晖正好，地下的人在茶中，茶在人中，此番意境，无言可喻。

　　从风篁岭下到晖落坞，也是有两条可走的。或沿当年辩才翻山过来的路倒溯，走十里琅珰岭，到"咫尺西天"，一路经上、中、下三天竺，再到灵隐寺。这里，恰是当年陆羽所说的茶叶"钱塘生天竺、灵隐二寺"的地方。然后到传说中骆宾王对"楼观沧海日，门对浙江潮"的韬光寺。韬光寺的那眼泉水，是当年白居易和韬光禅师用来煮茗论诗的泉水，百姓以为仙水，取来泡茶是最好的。再往上走到北高峰顶，杭州连绵茶山尽收眼底，此为一路。游这一线，要翻山，年轻人最宜。

　　另一路则沿九溪下，到晖落坞，观御茶室，再过九溪十八涧。赏那高高下下树，丁丁冬冬泉。一路行来，茶林铺地，鸟儿在茶蓬中鸣叫。行至林海石亭，见一副对联，实在是绝："小住为佳，且吃了赵州茶去；曰归可缓，试同歌陌上花来。"

一路歇歇停停出了九溪。若尚有兴趣，切勿打道回府，可坐车去茶乡梅家坞。梅家坞在"狮、云、龙、虎"四号中属"云"，是产茶量最大的地方，也是一个大有旅游潜力可挖的景点。当年周恩来总理陪同外宾来这里五次，说明这里确实不凡。另外，中国茶叶研究所也坐落在此山中。漫山遍野的茶园与那些在辛勤为华茶作贡献的科技人员，默默无闻地相守了几十年，这正是茶人的精神啊。

我们再往梅家坞里走，又会发现两旁的茶园特别苍翠，空气中弥漫着特殊的茶香，家家户户盖的茶楼，里面闲闲散散地坐着游人。梅家坞今天已经成了杭州城里重要的旅游景点。当年音乐家周大风先生也来过这里，还写了闻名遐迩的《采茶舞曲》。从前，你若冬天来这里，会看见家家门口堆着柴火，挂着腊肉，浸着年糕。但等春来，各地的采茶姑娘进了山，找到各自的老主顾，腰系茶篓，两手上下翻飞，就开始了采茶。同时，炒茶的工作也就开始了。

炒茶，也是一件具备了观赏价值的劳动，特别是龙井茶的炒制，有十种手法之多。许多人知道龙井茶有"色绿、香郁、味甘、形美"的"四绝"品格，这个"形美"，就是靠炒茶人一双厚茧的手创作出来的。

这一路的茶之神游，往往会使游人萌生买些龙井茶回去的念头。这个念头肯定是极好的，但要谨防假冒。这些年来，杭州人也越来越意识到龙井茶这块牌子的重要性了。前日报道，杭州的龙井茶区范围，共168平方公里，杭州的龙井，杭州人要自己管好。虽然这样说，但林子大了，什么鸟儿都有，买茶叶的时候，还是要多长几个心眼。本地人有心访茶，不妨随身带几只空的塑料瓶，过龙井虎跑，汲点水回去烹煮泡茶，水为茶之母，用自来水泡茶，究竟不鲜。至于茶具，宜兴有紫砂，景德镇有白瓷，浙江则有龙泉青瓷。按照陆羽的说法，青瓷泡茶，方能映出茶之神色。这样一路跑下去，你又是茶又是水又是器壶，收获如此丰富，回去就再也忘不了了。

"茶圣"陆羽说："茶者，南方之嘉木也……为饮最益，精行俭德之人……"在许多方面，茶代表了中国人的精神。茶之旅上的欣赏愉悦的过程，又是寓教于乐的过程。长此以往，日夜熏陶，这才叫绿色和平乡，潇洒走一回呢。

正是在这样一种茶气熏陶之中，我进入了茶小说的创作。

小说第一卷《南方有嘉木》之中，除了大量涉及了龙井村的场景之外，我还给龙井茶创制了一种品牌，叫"软新"。说起来这也和当时的一篇报道有关。那段时间，我正好在报上读到一篇介绍龙井村戚姓茶民采茶时摘掉一冬过后被冻坏的硬芽头，专等新芽冒出后再摘的消息，我觉得很有意思。因为冻坏的茶芽是硬的，那么新生的茶芽就是软的，又软又新，便叫做"软新"了。

小说以忘忧茶庄杭氏六代茶人为主人公展开，家住清河坊，专做龙井茶。这当然是虚构。但是杭州确实有专做龙井春茶的茶庄翁隆盛，用其作为原始素材，这也是源于生活高于生活了。

小说中的九溪、胡公庙、晖落坞，这些地方，用的都是真名。小说第二部写到日本人火烧灵隐寺山门，杭嘉草死在灵隐外的茶丛中，那片茶园现在还在，我是考察过实地后才写的。

杭寄草和东北抗日军人罗力的爱情就发生在棕榈树下，我让最美的感情和最美的场景结合在一起。一对情人早晨起来看到茶蓬上结满了晶莹的露水，也是当年我常常看到的龙井茶的美姿。

小说第一部的龙井茶形态主要以文化为主，第二部写了茶的销售，第三部以茶的栽培、制藏作为背景。小说中有一个杭家的忠诚仆人名叫撮着，后来生了小撮着，小撮着又有一个孙女名叫采茶，他们都是翁家山人，也算是龙井产地人吧。

我写了中国茶叶研究，还写了龙井43号良种的栽培等，写了茶叶的除虫、焙藏，写了在茶叶研究所工作的茶叶专家，他们都是我小说中的人物，应该是虚构的，但在现实生活中他们仿佛都存在过。

我把我理想的人生家园也放在了龙井这个地方，就是我工作过的茶博馆。《南方有嘉木》中主人公杭嘉和在胡公庙搞无政府主义运动失败，被家人抬下山来，抬头一看，突然看到了远处茶蓬中一团红红绿绿白白的所在。其实，这就是八十年后的中国茶叶博物馆，我工作过的地方。最后一部《筑草为城》，大结局中，我用了杭嘉和坐在轮椅上，被后代人从茶博馆推进茶园的画面作为结束。这个场景就是当年我每天上下班的地方。

结尾是这样的：

> 微风吹拂茶山，茶梢就灵动起来，茶的心子里，鸟儿就开始歌唱了，茶园就仿佛涌开了一条绿浪，推送着他们，缓缓地朝他们想去的地方驶去……

> 无声之中，独闻和焉……

（作者为浙江农林大学教授、浙江省作家协会专职副主席，第五届茅盾文学奖得主、浙江省茶文化研究会副会长）

展示茶乡风土人情的美丽诗史

应志良

龙井茶的魅力，在于那山水间的碧绿茶园，在于那散布其间的茶事胜迹，还在于蕴藏在山水与胜迹之中的民间文学作品。这些源于民间、传于民间的作品，有传说故事、民间歌谣和民间谚语等。这是祖先留给龙井茶乡的一份丰厚宝贵的文化遗产，它使湖光增色，茶乡生辉。

1987年夏，西湖区委宣传部为发掘、抢救、搜集、整理包括西湖龙井茶乡民间文学在内的西湖区民间文化艺术遗产，成立了西湖区文学集成办公室，下设民间文学集成编辑委员会，开展采风活动。西湖区龙井乡是采风活动的重点。当时共访问了三百余位老人，采录了民间故事四百多篇、民间歌谣六十多首、民间谚语两千多条，共约50万字。

在民间文学大普查的基础上，对普查记录稿进行整理分类，从中选取了一百五十七篇故事、三十五首歌谣、一千余条谚语，共32万字，汇编成《中国民间文学集成·浙江省杭州市西湖区故事、歌谣、谚语卷》，于1989年由浙江省民间文学集成办公室出版，向中华人民共和国成立四十周年献礼。由于重视了龙井茶乡民间文学的搜集工作，所以反映茶乡风土人情的内容比较多，大致有以下几个方面。

西湖龙井茶乡的民间故事

在这次采风中，采录到专门讲述龙井茶和茶乡风土人情的故事有：《龙井茶祖宗》、《龙井十八御茶》、《旗枪茶的来历》、《龙井茶与虎跑水》、《九曲红梅茶》、《棋盘山的故事》、《小康王逃难到龙井》、《苏东坡天竺梦泉》、《九溪姐妹树》、《石人岭的传说》、《满觉陇桂花厅》、《三生石的传说》、《天竺宝掌桥的传说》、《胡公大殿的故事》、《凤篁岭上的龙井寺》、《九溪上的金银二桥》、《小麦岭下飞鹅祠》、《五云山请宝》、《五云山莲池竹篮借水》、《茅家埠的传说》、《玉泉水的来历》、《杭州天竺筷》、《西湖莼菜》、《三夫人庙的传说》等三十多个。

这些民间故事，充分体现了龙井茶乡的地域特色，并留有明显的佛教文化的痕迹。

西湖龙井茶乡的歌谣

茶乡歌谣内容也很丰富。清代末年各地流传的《三十六码头》一歌中,有赞美西湖龙井茶的歌段。下面就是民间流传的《龙井茶叶天下少》的一段歌谣:

> 杭州西湖风景好,
> 龙井茶叶天下少。
> 香客游山坐藤轿,
> 杭嘉湖三属蚕桑富。
> 南浔镇上多阔老。

下面是流传在梅家坞茶区的一首歌谣:

> 茶把头,坟把头,
> 剥削压迫不尽头。
> 茶农哪有活路走。

另一首歌谣唱道:

> 一片茶叶两面青,

反过脸来不认人；

茶行老板会"杀青"，

档档价钿由他定。

新中国成立后，茶农翻身了，唱出了他们心中的喜悦之情。下面一首是流传在龙坞茶乡的《茶山对歌》：

（男）太阳那个一出红满那个天，

口唱山歌万万千。

社会主义金光道，

幸福生活乐遍天。

（女）青山虽高难顶那个天，

河海虽宽总有边。

共产党领导得翻身，

幸福生活乐无边。

《龙井碧玉尖》这首歌谣是周大风先生采集的，唱出了新时代龙井茶乡的新气象：

二月龙井云雾天，雨前芽茶碧玉尖，

巧手制成礼品茶，外国朋友都说甜。

西湖龙井茶乡的谚语

龙井茶乡的文化背景如龙井茶乡的土地一样肥沃,龙井茶乡的谚语如龙井茶树一样旺盛。在采集到的谚语中,特别是关于龙井茶生产的谚语,内涵深邃,绚丽多彩。如:

高山多雾出名茶。

平地有好花,高山有好茶。

茶叶本是神仙草,早采三天是个宝,迟采三天变成草。

今年不采,明年不发(指采茶)。

早采早发,迟采迟发。

人老一年,茶老一日。

若要春茶好,锄地锄得早。

七月挖金,八月挖银(茶园松土)。

要吃茶,二八挖。

茶地不挖,茶芽不发。

三年不挖,茶树开花。

茶树不怕采,只怕肥不足。

平地茶园粪当家,山地茶园草皮泥当家。

茶树绿丛丛,只怕拱拱虫。

拱拱虫,拱一拱,茶农要喝西北风。

以上这些谚语,长期流传在西湖龙井茶乡,既有节奏感,又押韵,读来朗朗上口,便于记忆流传。

（作者曾任浙江省文化厅办公室副主任、艺术处副处长,西湖区委宣传部副部长,文化馆馆长,浙江小百花越剧团党支部书记）

[叁]历代名人与西湖龙井茶

"茶圣"陆羽为了撰写《茶经》,曾在杭州西湖、余杭苕溪等产茶区考察,对西湖山水形势作了全面记录,写了《灵隐寺记》、《武林山记》等文章。在他的传世杰作《茶经》中,把西湖"天竺、灵隐二寺"所产的茶,定为当时全国名茶之一。这是杭州出产茶叶最早的文字记载。

唐代白居易于穆宗长庆二年（822年）七月出任杭州刺史,自誉是善于鉴茶识水的"别茶人"。

陆羽塑像

他不但能烹善饮，而且种过茶："药圃茶园为产业，野麋林鹤是交游。"此外，他对茶叶的采制也是个内行人。在杭州任内，留恋杭州的湖光山色，又醉迷杭州的香茗甘泉，常邀文人诗僧吟咏品饮。一则与灵隐韬光禅师汲泉煮茗的佳话，早已流传一千多年了。宋代《舆地志》中也有记载："灵隐山有白少傅煮茗井。"此井至今犹存。白居易离开杭州仍留恋难忘，有诗云："未能抛得杭州去，一半勾留是此湖。"其中该是包括了杭州的茶与泉。

比白居易稍后到杭州任刺史的姚合，也是一位诗人兼茶家。他有一首《乞新茶》诗：

> 嫩绿微黄碧涧春，采时闻倒断荤辛。
>
> 不将钱买将诗乞，借问山翁有几人？

茶芽尚处在"嫩绿微黄"时便开采了，采茶人像虔诚的佛门弟子般断了荤腥，如此珍贵的春茶有钱也难买到，我只能以我的诗句向山翁乞讨了。这位刺史十分羡慕那种山居的安闲生活。他另有一首《寄元续上人》：

> 石窗紫藓墙，此世此清凉。
>
> 研露题诗洁，消冰煮茗香。

闲云春影薄，孤磬夜声长。

何计休为吏，从师老草堂。

流露出他想辞官隐居，长久从师研磨题诗，消寒冰煮茗。

　　宋代赵抃在逝世前所撰《重游龙井》诗并序写道："元丰二年己未仲春甲寅，以守杭州得清归田，出游南山，宿龙井佛祠。今岁甲子，六月朔旦复来，六年于兹矣。老僧辩才登龙泓亭烹小龙井以边

辩才塔

予,因作四句:湖山深处梵王家,半纪重来两鬓华。珍重老师迎意厚,两泓亭上点龙茶。"(见《全宋诗》卷三四四。)赵抃记叙了与高僧辩才品尝龙井茶的情景。这是龙井茶始产于北宋,龙井茶最早入诗的见证之一,也为宋时众多诗篇咏茶、表现宋代茶文化的一个亮点。

秦少游(1049—1100)《游龙井记》云:"老龙井有水一泓,寒碧异常……其地产茶,为两地绝品。郡志称宝云、香林、白云诸茶,乃在灵竺、葛岭之间,未若龙井之清馥隽永也。"

元代茶人翰林学士虞伯生(1272—1348)在《游龙井》诗中写道:"徘徊龙井上,云气起晴画。澄公爱客至,取水挹幽窦。坐我詹卜中,余香不闻嗅。但见瓢中清,翠影落碧岫。烹煎黄金芽,不取谷雨后。同来二三子, 三咽不忍漱。"将龙井所产的茶誉为"黄金芽"、"翠影",都是对龙井一带所产茶的形象赞美和比喻;"三咽不忍漱"更是把诗人对茶味、茶色和茶形的喜爱之情,和茶过三巡、齿颊留香、不忍漱弃的情态细致入微地描写了出来。

到了明代,龙井茶开始崭露头角,声名远扬,记载渐多。明中叶后开始有"龙井(茶)"专称,并被列为西湖南北"两山绝品"。

明万历年,《钱塘县志》记载:"茶出龙井者,作豆花香,色清味甘,与他山异。又有宝云山产者,名宝云茶;下天竺香林洞者,名香林茶;上天竺白云峰者,名白云茶;宝严院、垂云亭、翁家山亦产茶,最下者法华山、石人坞茶，而龙井、法相僧收以语四方人曰本山茶。"指出了龙井茶品质的特点，并指出龙井附近所产的，僧侣收集的龙井茶为本山茶。这也是对老龙井所产茶与西湖南北两山所产茶进行比较并被认定是"两山绝品"的最早记载。

田汝成《西湖游览志》说："龙井之上，为老龙井"，"老龙井有水一泓，寒碧异常，泯泯丛薄间，幽僻清奥，杳出尘寰……其地产茶，为两山绝品。郡志称宝云、香林、白云诸茶，乃在灵竺、葛岭之间，未若龙井之清馥隽永也。"又说："盖西湖南北诸山及诸旁邑皆产茶，而龙井、径山尤驰誉也。"

张岱虽然把龙井与老龙井的历史颠倒了，但对其地产茶的记录，与田汝成可互为印证，他说："南山上下有两龙井，上为老龙井，一泓寒碧，清冽异常，弃之丛薄间，无有过而问之者。其地产茶，遂为两山绝品……下龙井本名延恩衍庆寺，五代后汉乾祐二年，居民募缘改造为报国看经院。宋熙宁中，改寿圣院，东坡书额。绍兴三十一年，改广福院。淳祐六年，改龙井寺。元丰二年，辩才法师自天竺归老于此，不复出，与苏子瞻、赵阅道友善。后人建三贤阁祀之。岁久寺圮，明万历二十三年，司礼孙公重修，构亭轩，筑桥，锹浴龙池，创霖雨阁，焕然一新，游人骈集。"

明嘉靖年间的《浙江通志》又记载："杭郡诸茶，总不及龙井之产。而雨前取一旗一枪，尤为珍品，所产不多，宜其矜贵也。"说明了龙井茶的采摘时节非常讲究，且产量不多，是妙不可言的"珍品"。

明代诗人高应冕著有《龙井试茶》："天风吹醉客，乘兴过山家，云泛龙沙水，春分石上花。茶新香更细，鼎小煮尤佳，若不烹松火，疑餐一片霞。"

明代诗人高濂对龙井茶情有独钟，赞不绝口，在《四时幽赏录》中说："西湖之泉，以虎跑为最。两山之茶，以龙井为佳。谷雨前，采茶旋焙，时激虎跑泉烹享，香清味冽，凉沁诗脾。每春当高卧山中，沉酣新茗一月。"

在明中后期，龙井茶开始正式有了自己的美名，当时人开始以"龙井"或"龙井茶"专指老龙井一带所产的茶。

袁宏道曾经到龙井"尝与石篑道元子公汲泉烹茶"，品评天下茶之高下，他说："龙井亦佳，但茶少则水气不尽，茶多则涩味尽出，天池殊不尔。大约龙井头茶虽香，尚作草气，天池作豆气，虎丘作花气，唯芥非花非木，稍类金石气，又若无气，所以可贵。芥茶叶粗大，真者每斤至二千余钱。余觅之数年，仅得数两许。近日徽有送松萝茶者，味在龙井之上，天池之下。"

李攀龙《寄赠元美·龙井茶》诗中，不仅直接以"龙井茶"为诗题，而且称龙井茶比虎丘茶好。

刘邦彦《谢龙井僧献秉中寄茶》诗云："春茗初收谷雨前，老僧分惠意勤虔，也知顾渚无双品，须试吴山第一泉。竹里细烹清睡思，风前小啜悟诗禅，相酬拟作长歌赠，浅薄何能继玉川？"

陈眉公《试茶》："龙井源头问子瞻，我亦生来半近禅。泉从石出清宜冽，茶自峰生味更园。此意偏於廉士得，之情那许俗只专。蔡襄凤辩兰芽贵，不到兹山识不全。"

童汉臣《龙井试茶》："水汲龙脑液，茶烹雀舌春。因之消酪酊，兼以玩嶙峋。"

孙一元《饮龙井》："眼底闲云乱不收，偶随麋鹿入云来。平生于物原无取，消受山中水一杯。"

万历甲午年（1594年），屠隆与友人在龙井游览，当他喝了这龙井泉水泡的龙井茶后，顿觉甘甜，欣然写下长篇《龙井茶歌》："山通海眼蟠龙脉，神物蜿蜒此真宅；飞泉歕沫走白虹，万古灵源长不息；琮琤时谐琴筑声，澄泓冷浸玻璃色；令人对此清心魂，一漱如饮甘露液；吾闻龙女渗灵山，岂是如来八功德；此山秀结复产茶，谷雨霡霂抽仙芽；香胜旃檀华严界，味同沆瀣上清家；雀舌龙团亦浪说，顾渚阳羡讵须夸；摘来片片通灵窍，啜处泠泠馨齿牙；玉川何妨尽七盌，赵州借此演三车。采取龙井茶，还念龙井水；文武每将火候传，调停暗合金丹理；茶经水品雨足佳，可惜陆羽未知此；山人酒后酣薶蓲，陶然万事归虚空；一杯入口宿醒解，耳畔飒飒来松风；即此便是清凉国，谁同饮者陇西公。"这篇《龙井茶歌》把龙井和龙井茶描绘得淋漓尽致，表明明代的时候，龙井的满园茶色就已经是文人墨客们咏歌的对象了。

这些对龙井茶极尽赞誉的诗歌，进一步提升了龙井茶的美誉，也使得龙井一带成为"游人骈集"的游览胜地。可见，在明代，老龙井一带所产茶以其非凡品质已经冠绝西湖南北两山及杭州各地所产之上，到龙井品茶也已经成为士人游客来杭州旅游的休闲之旅。

到了清代，龙井茶的名气与日俱增，并立于众名茶前茅。据明末清初文学家张岱的《西湖梦寻·龙井》一文记载："南山上下有两龙

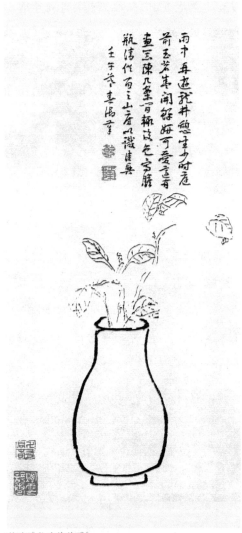

乾隆《龙井茶花图》

井，上为老龙井，一泓寒碧，清洌异常，弃之丛薄间，无有过而问之者。其地产茶，遂为两山绝品。再上为天门，可通三竺。南为九溪，路通徐村，水出江干。其西为十八涧，路通月轮山，水出六和塔下。"对龙井茶，历代志书也多有歌颂。清初陈撰《玉几山房听雨录》载：西湖南北"两山产茶极多，宝云山为宝云茶，天竺香林洞名香林茶，上天竺白云峰名白云茶，葛岭名云雾茶，龙井名龙井茶。南山为妙，北山稍次。龙井色香青郁，无上品矣"。"龙井名龙井茶"，正是龙井一带所产茶的统称和冠名，而一句"龙井色香青郁，无上品矣！"更是把龙井茶推到了至高无上的境地。到康熙年间，陆次云说："其地产茶，作豆花香。与香林、宝云、石人坞、垂云亭者绝异，采于谷雨前者尤佳。……啜之淡然，似乎无味，饮过后，觉有一种太和之气，弥瀹乎齿颊之间。此无味之味，乃至味也。为益于人不浅，故能疗疾，其贵如珍，不可多得。"这就品出了龙井茶的真滋味——啜之淡然似无味，其实有太和之气，这种"无味之味"，方是茶中"至味"。

清高宗乾隆皇帝与龙井茶的关系是龙井茶发展史上最浓墨重彩的一页。乾隆皇帝一生好茶，戏称"君不可一日无茶"。他六次下江南，并四次上西湖龙井茶区，品茶赋诗，诗篇中涉及龙井茶的采摘与标准、炒制过程、火候、水品，以及茶农们的辛苦劳作。他对龙井茶赞不绝口，使龙井茶声名远扬，与龙井茶结下了不解之缘。

乾隆十六年（1751年），乾隆第一次南巡杭州时，在西湖天竺观看龙井茶的采摘和炒制后作诗三十韵，其中《观采茶作歌》："火前嫩，火后老，唯有骑火品最好。西湖龙井旧擅名，适来试一观其道。村男接踵下层椒，倾筐雀舌还鹰爪。

乾隆像

地炉文火续续添，干釜柔风旋旋炒。慢炒细焙有次第，辛苦功夫殊不少。王肃酪奴惜不知，陆羽《茶经》太精讨。我虽贡茗未求佳，防微犹恐开奇巧，采茶曷览民艰晓。"

乾隆二十二年（1757年），第二次南巡到杭州，游览云栖胜景，又作《观采茶作歌》，诗曰："前日采茶我不喜，率缘供览官经理。今日采茶我爱观，吴民生计勤自然。云栖取近跋山路，都非吏备清跸处。无须回避去采茶，相将男妇实劳劬。嫩荚新芽细拨挑，趁忙谷雨临明朝。雨前价贵雨后贱，民艰触目陈鸣镳。由来贵诚不贵伪，嗟我老幼赴时意。敝衣粝食曾不敷，龙团凤饼真无味。"

乾隆二十七年（1762年）三月甲午朔日，乾隆皇帝第三次南巡杭州，畅游龙井，并上龙井品茶，在《坐龙井上烹茶偶成》中说道："龙井新茶龙井泉，一家风味称烹煎。寸芽生自烂石上，时节焙成谷雨前。何必凤团夸御茗，聊因雀舌润心莲。呼之欲出辩才出，笑我依然文字禅。"

乾隆三十年（1765年），乾隆皇帝第四次南巡杭州，再上龙井游玩，作了《再游龙井作》诗。诗曰："清跸重听龙井泉，明将归辔启华旒。问山得路宜晴后，汲水烹茶正雨前。入目景光真迅尔，向人花木似依然。斯诚佳矣予无梦，天姥那希李谪仙。"

另外，嘉庆《杭州府志》中还有关于乾隆追忆龙井寺的诗两首。一首是《雨前茶》："新芽麦粒吐柔枝，水驿无劳贡骑驰。记得西湖龙井谷，筠筐老幼采忙时。"二是《烹龙井茶》："我曾游西湖，寻幽至龙井。径穿九里松，云起风篁岭。新茶满山蹊，名泉同汲绠。芬芳溢齿颊，长忆清虚境。寒苑夏正长，远人寄佳茗。窗前置铛炉，松明火不猛。徐徐蟹眼生，隐见旗枪影。芳味千里同，但觉心神静。西崖步晚晖，恍若武林景。"乾隆还作过一首《项圣谟松阴焙茶图即用其韵》诗，追忆西湖龙井茶。诗曰："记得西湖灵隐寺，春山过雨烘晴烟。新芽细火刚焙好，便汲清泉竹鼎煎。"

乾隆游历龙井寺后，题"不着一相"等匾额，又附庸风雅，题"过溪亭"、"涤心沼"、"一片云"、"风篁岭"、"方圆庵"、"龙泓涧"、"神运石"、"翠峰阁"等"龙井八景"，并多次以八景题诗，从而使龙井名胜在沉寂了数百年之后，再次名震东南。

从此，量少质好的龙井茶的名声更加显赫，更得文人雅士的青昧。清代文人对龙井茶的赞誉，更是不胜其数。

袁枚《茶》载："龙井茶。杭州山茶处处皆清，不过以龙井为最耳。每还乡上冢，见管坟人家送一杯水，水清茶绿，富贵人所不能吃者也。"

高士奇说："吾乡龙井、径山所产茶，皆属上品，偶移其种于圃中栽之，发花极香。春末，绿芽新吐。访得采焙之法，手自制成，封缄白甄中，于评赏书画时，瀹泉徐啜，芳味绝伦。茶喜山石荫密，此地无山，故不能多植，然亦足解玉川之癖矣。"其《洞仙歌·以龙井新茶饷南淳答词尚记苑西尝赐茶事》曰："岩柯嫩蕊，过惊雷先坼（龙井茶清明前先苗）。野客山僧惯能摘。筠炉浅，焙缶器重封，初开处无限早春香色。年时西苑往，赐出头纲，小院宵凉共煎吃。退隐傍江村，药臼茶铛，人事屏、石泉频汲。叹荏苒、年光又尝新，渐蝶粉穿篱，燕泥黏席。"又其《临江仙·试新茶》："谷雨才过春渐暖，建安新拆旗枪。银瓶细箸总香。清泉烹蟹眼，小盏翠涛凉。记得当年龙井路，摘来旋焙旋尝。轻衫窄袖采茶娘，只今乡土远。对此又思量。"

徐珂《高宗饮龙井新茶》载："杭州龙井新茶，初以采自谷雨前者为贵，后者于清明节前采者入贡，为头纲。颁赐时，人得少许，细仅如芒。瀹之，微有香，而未能辨其味也。高宗命制三清茶，以梅花、佛手、松子瀹茶，有诗纪之。茶宴日即赐此茶，茶碗亦摹御制诗于上。宴毕，诸臣怀之以归。"

孙同元《龙井芽茶及其它》中自称"性最嗜茶"，而"家乡龙井芽茶""香色并美"，只是味略淡，"有一种名顶春，叶虽不甚细而其味独浓，以白沙泉水烹之，配以海宁之白甘贡菊数朵，真所谓色香味俱胜，足以佳茗三绝也"。

　　沈初《龙井新茶》说："龙井新茶，向以谷雨前贵。今则于清明节前采者入贡，为头纲。颁赐时，人得少许，细仅如芒，瀹之微有香，而未能辨其味也。"

　　翟灏《湖山便览》中也说："其茶作豆花香，色清味甘，词人多见称誉，惟明袁宏道谓其尚带草气，陶望龄作歌嘲之。每岁所产，不过数斤，山僧收焙，以语四方人曰本山茶。"

　　清代诗人龚翔麟有《虎跑泉》道："旋买龙井茶，来试虎跑泉。松下竹风炉，活火手自煎。老谦三味法，可惜无人传。"清代品茶名家赞誉龙井："甘香如兰，幽而不洌，啜之淡然，看似无味，而饮后感太和之气弥漫齿颊之间，此无味之味，乃至味也。"胡公庙前的十八棵茶树还被封为"御茶"。

　　严绳孙《竹枝词》："龙井新茶贮满壶，赤栏干外是西湖；年时还有当垆女，青旌红灯唱鹧鸪。"

　　汪光被《竹枝词》："山为城郭水为家，风景清和蝶恋花，昨暮老僧龙井出，竹篮分得雨前茶。"

　　查慎行《与灵上人饷龙井雨前茶二首》其一："风篁十里郎当

岭，官焙争收粟粒芽；惭愧老僧亲手摘，青纱蜡纸饷山家。" 劳乃宣《谢金谨斋寄龙井茶》："驿使春风远寄将，开奁芬馥溢旗枪。羲皇睡足新泉熟，好伴空山薇蕨香。我生南北本随缘，久学坡公饮食便。不道故人犹旧眼，又教乡味领花前。乍忆龙泓共探幽，云腴霞碧嫩香浮。何时重泛西泠艇，对坐松风雪一瓯。"

翟瀚《龙井采茶歌》："西湖西去古龙井，烟云秀孕风篁岭。竹坞茶先百草生，斗奇不数龙团饼。蛰雷一夜展旗枪，东风吹送兰芽香。火前社后辨迟早，沿缘林樾争携筐。摘来片片含生翠，薰篝拣焙养清气。箬奁开处足芬芳，鼻观微参渴先避。竹符调水走金沙，井汲云根静试共。蚯蚓窍鸣火初活，落落旋听蟹爪爬。蒙顶嫌寒顾渚瘠，六安阳羡殊标格。三篇好补季疵经，七碗试听玉川说。懿兹芳茗记高岑，辩才玉局曾幽寻。湖山佳景此第一，宸章璀璨映华林。茶坡近辟卷阿里，更谁妄肆中郎毁。谨将土物志钱塘，顾比瑶琛纳包匦。"

厉鹗《圣几饷龙井新茗一器》："松风出竹炉，梦成水火战；新芽适开封，昏睡不待遣；为子手瀹尝，三嗅复三咽；中有参寥禅，风味得正见。"

汪孟铜在《龙井见闻录》中说："龙井茶始见于《西湖游览志》，自后品门遂多，据志盖老龙井侧，特未详何年著称。然读虞集次邓文原游龙井诗，有'烹煎黄金芽，不取谷雨后'之句，度龙井茶，元代已有矣。"

王寅《龙井试茶》诗："昔尝顾渚茗，凿得金沙泉。旧游怀莫置，幽事复依然。绿染龙波上，香搴谷雨前。况于山寺里，藉此可谈禅。"

于若瀛《龙井茶歌》："西湖之西开龙井，烟霞近接南山岭。飞流密汩泻幽壑，石磴纡曲片云冷。柱杖寻源到上方，松枝半落澄潭静。铜瓶试取熟新茶，涛起龙团沸谷芽。中顶无须忧兽迹，湖山岂惧涸金沙。漫道白芽双井嫩，未必红泥方印嘉。世人品茶未尝见，但说天池与阳羡。岂知新茗煮新泉，团黄分列浮瓯面。二枪浪自附三篇，一串应输钱五万。"

这么多的诗歌赞颂，无不说明，当时的龙井茶已在全国独占鳌头，而其栽种、炒制和品饮，仍然与龙井一带的寺僧有关。

改革开放以后，也出现了许多有关龙井茶的作品。1956年6月，陈学昭创作出版了《春茶》（上下集合印本），沈雁冰先生为该书题写了书名，版画家赵宗藻先生为该书绘了插图，邵秉坤同志作了封面设计。《春茶》是由陈学昭亲身体验茶农生活而作，深刻反映茶农生活的长篇小说。受陈学昭影响，周大风也去了梅家坞体验生活，写了一支反映茶区生产及茶农生活的《采茶舞曲》，并经过不断地加工、丰富。1958年，中国唱片公司录制了《采茶舞曲》第一版唱片，并作为浙江人民广播电台的开播曲，当时是音乐会上最受观众欢迎的，因为它载歌载舞，轻松、愉快、热烈，因而传唱至今。还有王旭烽创作的获茅盾文学奖的"茶人三部曲",小说第一部的龙井茶形态主要以文化为主,第二部写了茶的销售,第三部以茶的栽培制藏作为背景,这三部都是围绕着龙井茶展开的。

1957年第一期的《东海》文学月刊上,刊登了郜鸣镛的处女作、一首现代诗《黎明的歌声》,歌吟了西湖龙井茶乡姑娘们在春茶时节上山采摘新茶的劳动场景。郜鸣镛高中毕业后回到家乡龙井村,在村里当小学教师,后来担任小学校长。1988年西湖乡的村级小学合并,他任教西湖乡小学直至退休。在三十余年的业余创作生涯中,他致力于歌词写作并创作了一百多首艺术地描摹、再现西湖龙井茶乡风情的歌词,发表后有三十多首被谱了曲,其中有十几首歌词被多位作曲家谱写成风格不同的民歌,并广为传唱,成为龙井茶乡不倦吟唱的"百灵鸟"。

以西湖龙井茶为主题的作品数不胜数,都对龙井茶有较高的评价和赞赏,这同时也提高了西湖龙井茶的名声,使西湖龙井茶的名声与日俱增。

西湖龙井茶的民间
传说和民俗

西湖龙井茶美名远扬，除了其本身的优质特征外，也与茶人茶事以及流传于民间的传说和习俗相关。它们为西湖龙井茶蒙上了一层迷人的面纱。

西湖龙井茶的民间传说和习俗

[壹]龙井茶的来历传说

龙井茶闻名天下,但真正的龙井茶的祖宗其实不是在龙井,而是在狮峰。这里流传着这样一个故事。

在西湖西南面有一座狮子峰。相传山峰上有一座寺,每天来烧香的人很多。寺旁有一片茶园。

一天,徽州朝奉先生随着烧香的人来到寺院里。他看到墙边有一只破缸,里面盛有半缸水,上面长满青污苔,朝奉先生一看就知道是宝贝。他找到和尚,要向和尚买下这只缸。

和尚说:"一只破缸买啥,你喜欢就拿去。"

朝奉说:"哎,哪有白拿的事,还是卖给我吧,你要多少银子,尽管说,明天我叫人来抬。"说完,就下山去了。

再说那寺里的和尚,看看这只坏缸,实在没啥特别之处。他想破缸太脏,拿起来不方便,于是就动手把缸处理干净。两个和尚抬起破缸来到茶园里,把污水连同青污苔一起倒在茶蓬里当肥料。又拎来溪坑水,把缸刷洗干净,洗下来的污水也泼在茶园里。然后把缸抬回寺里倒扑在墙角边。

　　第二天，徽州朝奉带着人来抬缸了。到寺里一看，缸已扑转了，晓得事情坏了。急得大声叫了起来："哎呀，宝贝呢！宝贝呢！"他连忙找到和尚："你把缸里的东西倒到哪里去了？"和尚觉得莫名其妙。"宝贝不是好好摆着，你大惊小怪作啥。垃圾污水我倒在茶蓬做肥料了。"

　　和尚带着徽州朝奉，来到寺边的茶地里。朝奉一看，果真在此。他数了一数，被污水浇着的茶蓬共有十八棵。朝奉告诉和尚："好了这十八棵茶，以后长出来的一定是上等的茶叶。"

　　冬去春来，采茶时节到了。狮子峰上那十八棵茶树果然与其他茶蓬不一样，碧绿的茶芽密密麻麻，茶蓬脱去老斑，好像新茶园一样。炒出来的茶叶，香气特别浓，放在杯里开水一泡，颜色碧绿。当地人给它取了个名字，就叫狮峰茶。后来，周围龙井、杨梅岭、茅家埠的茶农都用狮峰山上的茶种培育新茶。所以，狮峰茶称得上是龙井茶的祖宗。至于龙井茶后来为啥名气这么大，那又是另外一个故事了。

[贰]龙井茶与名人传说

龙井茶与乾隆皇帝

乾隆皇帝视茶如命，曾有"君不可一日无茶"之说。

传说乾隆皇帝微服私访下江南，以示体察民情，来到杭州龙井狮峰山下，当时乾隆皇帝在胡公庙休息。庙里的一位老住持见客远道而来，奉上了香茗。乾隆皇帝注目杯中，只见芽片直立，徐徐舒展，缓缓摇曳，清香扑鼻，茶汤之色，宛如烟雨空濛中湖光山色之翠绿。他细细品味着，顿感惬意，清而不醇，甘而不洌，阵阵清香。乾隆忙问老住持："此为何茶？""这是庙前树上采摘而制的龙井茶。"老住持答道。接着，老住持又对乾隆详细地讲述了此茶采摘和炒制的过程。乾隆饮完茶，欣然地走出庙外看老住持说的茶树。胡公庙的这位老和尚陪着乾隆皇帝一道观景，乾隆忽见几个乡女正在葱绿的茶蓬前采茶，不觉心中一乐，步入茶园，也兴致盎然地挽起衣袖学着采茶女采起茶来。正当乾隆兴致勃勃地采摘时，忽然太监来报："皇太后有病，请皇上速回京。"乾隆皇帝听说太后娘娘有病，心里很是着急，随手将采摘来的茶芽往袖袋里一放，日夜兼程赶回京城，回到京城急忙去看望太后。其实太后并无大病，只因山珍海味吃多了，一时肝火上升，又想念皇儿，双眼红肿，肠胃感觉不适。此时见皇儿来到，心里高兴，心情好转，病已去几分，坐起来和乾隆说话，谈话间太后只觉一股清雅的幽香扑鼻而来，便问："皇儿身上有何物如此清香？"皇帝也觉得奇怪，哪来的清香呢？仔细闻了闻自己身上，确有一股馥郁的清香，而且来自袖袋，随手一摸，原来是在杭州龙井村胡公庙前采来的一把茶叶，几天过后已经干了，而且茶芽也已夹扁，浓郁的香气就是它散出来的。太后见后甚是喜欢，便想尝尝这茶叶的味道，于是就让宫女去泡了一杯，宫女将茶泡好奉上,果然清香扑鼻,太后饮后,回味甘醇,大为赞赏。说也奇怪,太后连喝几天后,眼肿消散,肠胃舒适。太后高兴地说:"杭州龙井的茶叶,真是灵丹妙药啊!"乾隆皇帝见太后这么高兴,自己也乐得哈哈大笑,立即传旨,将杭州龙井村胡公庙前那十八棵茶树封为"御茶",每年采摘新茶,炒制成扁形,专门进贡太后。

龙井虾仁与乾隆皇帝

传说龙井虾仁与乾隆皇帝也有关。一次乾隆下江南游杭州,他身着便服,游览西湖。时值清明,江南水乡春季多雨水,当他来到龙井茶乡时,天忽然下起倾盆大雨,只得就近到一茶农家避雨。龙井茶农热情好客,主人为他奉上香醇味鲜的龙井茶。茶是用新采的龙井,炭火烧制的山泉所沏,乾隆饮到如此香馥味醇的好茶,喜出望外,便想要带一点回去品尝,可又不好意思开口,更不愿暴露身份,便趁茶农不注意间,抓了一把,藏于便服内的龙袍里。待雨过天晴告别茶农后,继续游山玩水,直到日落,口渴肚饥之时,在西湖边一

杭州名菜龙井虾仁

家小酒肆入座，点了几个菜，其中一道是炒虾仁。点好菜后他忽然想起身上的龙井茶叶，便想泡来解渴。于是他一边叫店小二，一边撩起便服取茶。店小二接茶时见到乾隆的龙袍，吓了一跳，赶紧跑进厨房面告掌勺的店主。店主正在炒虾仁，一听圣上驾到，极为恐慌，忙中出错，竟将小二拿进来的龙井茶叶当葱段撒在炒好的虾仁中。谁知这盘菜端到乾隆面前，清香扑鼻，尝了一口，顿觉鲜嫩可口，再看盘中之菜，只见龙井翠绿欲滴，虾仁白嫩晶莹，禁不住连声称赞："好菜！好菜！"

从此，这盘忙中出错的菜，经数代烹调高手不断总结完善，正式定名为"龙井虾仁"，成为闻名遐迩的杭州名菜。

龙井十八棵御茶

龙井村北端的胡公庙前，有一块三角形的茶地，栽有十八棵茶蓬，称为"十八棵御茶"。

据说，乾隆十六年三月，清朝乾隆皇帝奉太后之命，巡游江南。乾隆在山东、扬州、苏州等地游览名胜古迹后，自苏州直达杭州。

一日，乾隆游西湖时，对新任侍郎和珅说："据说小康王逃难到龙井，今天朕想巡游龙井。"和珅领旨启銮龙井。设临时行宫于广福院（胡公庙），即日登棋盘山，但见茂林修竹，风景似画；南北高峰，群山起伏，树木葱茏；正面望西湖一带，苏白二堤，六桥三潭，景色如绣。乾隆不胜感叹："上有天堂，下有苏杭，名不虚传。"转身步登

十八棵御茶树　厉剑飞摄

狮子山，复游龙井寺，到饮山绿阁饮酒，诗兴大发，提笔书写龙井八景：龙泓涧，神运石，翠峰阁，一片云，涤心沼，过溪亭，风篁谷，方家庵。酒毕复品龙井名茶。龙井茶色绿，香醇，味甘，确实与众不同，龙井茶确是茶中珍品。

乾隆为游龙井留念，就在广福院前的十八棵茶树上亲手采摘茶叶，又封狮峰一带茶叶为贡茶。从此，皇帝采过的十八棵茶就被称为"御茶"，一直流传至今。

旗枪茶的来历

驰名中外的杭州明前茶，为什么要叫做"旗枪"？这里有一段传说呢。

乾隆皇帝游江南，到了杭州府。这天，他脱掉龙袍，换上青衣小帽，打扮成书生模样，带着几个太监装扮成书童和家人，过云栖，从十里琅珰岭翻山过来，到了龙井村边的狮峰附近。这时正是清明时节，茶农们已经开始采摘这年的第一批新茶。山上山下飞扬着姑娘和小伙子们优美的山歌声，路边一行行绿莹莹的茶蓬上长满了嫩芽，有的还滚动着亮晶晶的露珠。长年居住在深宫里的乾隆皇帝不禁被这如画的美景陶醉了，顺手摘了几把路边茶蓬的鲜叶，装进衣袋里，边玩赏边往山下走。

　　到了狮峰脚下的胡公庙前，望见村里家家户户的房上都升起了炊烟。乾隆脚也酸了，肚子也饿了，想找个地方歇一歇，吃点点心。但村里人都忙着把新鲜的茶叶往炒茶房里送，谁也没顾得上理睬他。他不禁生起气来，打算找个由头惩治一下这些不知天高地厚的山民。于是，他便亮出皇帝的牌子，叫太监去宣庙里的和尚接驾。令和尚快去找一个人来炒茶叶，当朝皇上要亲眼看一看。

　　找哪个好呢？这可不是儿戏，稍有不慎，给你加个犯上的罪名，脑袋就会搬家。随着和尚"笃笃"的拐杖声，皇帝要传人炒茶叶的消息从村东到村西，大家急急地凑在一起想办法。可是直到庙里的乾隆派太监第三遍来催时，大家还是想不出应付的法子。

　　村里有个三十来岁的光棍汉，因为小时候不小心从树上掉下来断了一条腿，孤零零地独自住在靠近九溪十八涧的村子尽头。当他一步一瘸地赶到时，见大家愁眉苦脸，便挠了挠头皮，咬咬牙，跟着和尚去见乾隆。

乾隆见来的是个瘸子，说是村民们有意搪塞他，要把和尚拿下问斩。小伙子说："你是要炒茶叶的人，只要炒得好就是了，断腿碍着什么事，又不是选美人！"乾隆没了理，只得故作威严地喊和尚带灶下去烧火。

小伙子用蜡油把锅底抹了抹，搬来半簸箕新鲜茶叶，见乾隆在一旁站着，不好坐下去，便跪在独人凳上炒起来。长满老茧的手在火烫的锅里搅着青叶上下翻动，一会儿抛，一会儿揿，忙得满头是汗。乾隆转动着两只眸子，想从中挑出什么毛病。渐渐地，反而看入迷了。

茶好不容易炒成了，只有小小的一手把，勉强够泡两杯。老和尚忙又烧了滚烫的狮峰泉水，拿出老辈手里传下来的紫砂茶碗，泡上一碗恭恭敬敬地献给乾隆。

顷刻，碗里溢出一股沁人肺腑的清香。茶叶在水里舒展开一叶一蕊，同先前一样鲜嫩，碧澄澄的汁水清澈得可以望见碗底的细纹。乾隆微微笑了，小伙子和老和尚都暗暗地松了口气。谁知乾隆把嘴凑到茶碗边呷了一口，眉头慢慢地皱了拢来。蓦地，他把茶碗一摔，连声喊道："什么味道这么苦？宫里吃的怎不是这个样子？想必是刁民算计着要害孤家，快把炒茶的推出去斩了！"太监们"喳"地一声，不容分说，绑起小伙子就走。

老和尚急忙跪在地上，一边念"阿弥陀佛"，一边恳求皇帝饶了小伙子。乾隆只是气呼呼地坐着，连瞥都不瞥一眼。忽然，他咂咂嘴，眼睛骨碌碌一转，说："把那人放了！再炒一锅。"原来，他像乡下人吃橄榄，到了这会儿，总算品出一丝甜甜的回味。

后来，乾隆回到宫中。太后见他好几天未曾来请安，问他去哪里了。乾隆怕挨骂，连连说龙井风景如何如何地美，龙井茶叶又是如何如何地好。想到口袋里还有那日摘的茶叶，赶快掏出来。那茶叶已被体温烘干了，如同炒过的差不多，扁扁的，一叶宽一叶尖，就像大清朝的旗帜和长枪。他回想起狮峰脚下令人赞赏不已的潺潺泉流，忽然诗兴大发，随口念起不知哪朝哪代一位诗僧"茶展旗枪涧螫雷"的名句，低头对着掌心的茶叶吟哦了好一会儿，称其名曰"旗枪"，并传圣旨到杭州府，规定以后每年清明节前采下的龙井茶都要进贡朝廷。

至今，在狮峰的半山腰，胡公庙的后面，还留着"十八棵御茶"。有人说是乾隆当年采茶的地方，如果你有机会到龙井村去做客，热情的主人一定会领你去游览这一古迹。

"龙井皇袍"之传说

相传乾隆十六年，乾隆微服南巡来到杭州，寻访各式茶馆之后来到茶区。一次，乾隆下山，路过山脚下的胡公庙，走进庙内，见香火正旺,茶园巧遇高僧。方丈慧仁大师将乾隆请入方丈室,命小僧奉上秘制的龙井茶。乾隆打开杯盖,见杯中茶水汤色金黄,举杯闻之,一股清香扑面而来,细细啜之,惊问:"为何此茶有龙井的特殊味道而非龙井茶?"大师不慌不忙,将秘制龙井茶的由来娓娓告知,乾隆听完,仰天沉思。顷刻,挥笔写下四个字:"龙井皇袍"。慧仁大师顿时伏地跪拜:"皇上驾到,有失远迎,罪过!"乾隆问:"大师从何而知我之身?"大师答道:"茶色为金黄,皇袍为金黄,袈裟也为金黄,此茶能有如此之名,实为龙井之福,此茶之福。"乾隆听罢哈哈大笑,飘然离去。以后每次下江南,乾隆皇帝到杭州,都会去胡公庙拜见慧仁大师,煮茶论道,"龙井皇袍"也由此身价倍增,流芳百世。

"杭州双绝"之传说

龙井茶、虎跑泉素称"杭州双绝"。虎跑泉是怎样来的呢?据说很早以前有两兄弟,哥名大虎,弟名二虎。两人力大过人,有一年两人来到杭州,没处落脚,到处流浪。一天,他们看到了一座小寺庙,就想安家住在那里(现在虎跑的小寺院)。和尚告诉他俩,这里没有水源,要喝水、用水是很困难的,要翻几座山岭去挑水。兄弟俩说:"只要能住,挑水的事我们包了。"于是和尚收留了这兄弟俩。有一年夏天,天旱无雨,连小溪也干涸,几乎没有吃的水了。一天,兄弟俩想起流浪时,过南岳衡山时的"童子泉",想如能将"童子泉"

移来杭州就好了。兄弟俩决定要去衡山移"童子泉",翻山越岭,一路奔波,到衡山脚下时昏倒了。突然,天空中乌云密布,紧接着是狂风暴雨,风停雨止过后,他俩醒来,只见眼前站着一位手拿柳枝的小童,这就是管"童子泉"的小仙人。小仙人听了他俩的诉说后就用柳枝一指,水洒在他俩身上,霎时,兄弟二人变成两只斑斓老虎,小孩跃上虎背。老虎仰天长啸一声,带着"童子泉"直奔杭州。当晚老和尚和村民们做了一个梦,梦见大虎、二虎变成两只猛虎,把"童子泉"移到了杭州,天亮就有泉水了。果然,第二天起来,天空霞光万丈,只见两只老虎从天而降,猛虎在寺院旁的竹园里,前爪刨地,不一会就刨出一个深坑,顷刻间狂风大作、天降甘霖。雨停后,只见深坑里涌出一股清泉。大家这才明白,肯定是大虎和二虎给他们带来的泉水。因此,传说也称"虎跑梦泉"。为了纪念大虎和二虎,当地人给泉水起名叫"虎刨泉",后来借着谐音就叫"虎跑泉"。用虎跑泉泡龙井茶,色香味绝佳。"杭州双绝"因此而名扬天下。

龙井问茶

龙井位于西湖西面竹林茂密的风篁岭上,诗人苏东坡曾品茗吟诗于此,曾有"人言山佳水亦佳,下有万古蛟龙潭"的诗句赞美,故名"龙井"。北宋时,高僧辩才居住此地,为方便客来客往,整治山林,开通山道,龙井一带方才旺盛起来。辩才好客,每有客来,喜奉一杯自植的香茗待客,龙井茶也渐渐有了名气。明、清以后,龙井茶声誉

龙井问茶

鹊起，袁枚《随园食单》赞："杭州山茶处处皆清，不过以龙井为最耳。"龙井之水，亦十分奇特，用小棒搅动时，水面会出现一条蠕动的分水线，仿佛游龙一般，这种现象在雨天更为明显。据说这是因为地面水和地下泉水相互冲撞，两种水质因此重合，产生流速的差异。这一奇异的自然现象，使游人平添了佳趣。

广福院佛境与龙井茶事

宋广福院虽是佛境，却是名流会聚之地，许多龙井茶事就发生于此。龙井茶之所以成为历史传统名茶之首,也有广福院的添色。广福院因辩才声名,博得名流仰慕。

广福院,始建于吴越国钱弘俶乾祐二年(949年),由居民募缘,在钱塘县(今杭州)履泰乡(今龙井)晖落坞改造而成,原称报国看经院。宋熙宁中(约1072—1073年),报国看经院改名"寿圣院",由文学家、时任杭州太守的苏东坡亲笔书写院名。北宋元丰二年(1079年),博学多才的上天竺住持辩才退居寿圣院,在院旁的狮峰山麓,开了龙井种茶的先河。同时,因辩才的声望,博得众多名流的仰慕:当过殿中侍御史、又两度任杭州太守的赵抃,当过礼部尚书、二度仕杭的苏东坡,当过尚书右丞相的著名散文家苏辙,元丰进士、著名词人秦观,礼部员外郎、著名书画家米芾等,都曾到过寿圣院,与辩才品茶、诵经、论诗,还留下了许多茶事墨迹。相传,寿圣院前老龙井(又名老龙泓)石壁题刻的"老龙井"三字,出自苏东坡之手。辩才、苏东坡、赵抃去世后,后人又在寿圣院内,建"三贤祠"祀之。南宋绍兴三十一年(1161年),寿圣院改名广福院,宋淳祐六年(1246年),又改名为龙井寺,后又称衍庆院,不久又复名广福院。

[叁]与龙井茶相关的民间习俗

茶和酒是中华民族的两大主要饮料,茶文化和酒文化在中国源远流长。中国是茶的故乡,制茶、饮茶已有几千年的历史。饮茶也有不少习俗。赡养长辈和招待来客统称"待茶待饭"。衡量生活水平高低则以"三餐茶饭"、"四季衣衫"如何做标准。招待不周,说声"粗茶淡饭,请勿见怪"。向客人致歉意,总是说"不好意思,茶水都不吃就走,真个难为情"。"茶水"两字,在我们的日常生活的意会中还包括所有食品。民间有"药茶不分"之说,也折射出茶在日常生活中应用之广,地位之高。现民间流行的习俗主要有:

一、叩桌三下表示谢意

据《中国民俗之谜》一书记载,当年乾隆皇帝下江南,有一天路经松江,他带了几个太监微服来到醉白池游玩,在附近的一家茶馆坐下来歇脚。茶房端上几只碗来,随后站在数步远的位置,拿起大铜壶朝碗里倒茶。皇帝只见面前一条白练从天而降,茶水不偏不倚,均匀地冲进碗里,一边看得惊奇,一边禁不住上前要过铜壶,学着茶房的样子,向着其余几只碗里倒去。太监们见皇帝给自己倒茶,纷纷屈起手指,"笃笃笃……"不停地在桌上叩击。事后,乾隆皇帝不解地问太监:"汝等何故以指叩桌?"太监们齐声答道:"万岁爷给奴才倒茶,万不敢当。既不可暴露皇上身份,只能以手叩桌,代叩头致谢也。"以后,这种谢礼的动作就在民间传开了。现在在品尝西湖龙井时,当店主给你倒茶时,你不用说谢谢,只要用食指和中指在桌上轻轻地叩三下就表示谢意了。

二、调解司法

"吃茶讲事体"这一说法是民间调解纠纷的一种方式。这一说法出自留下镇。旧时的留下镇茶馆众多,分布在几条老街上,是当时社会生活的重要场所。20世纪30年代以前,留下镇没有镇公所,没有警察,只有一个地保,但是地保不管当地发生的民间纠纷。民间纠纷一般请当地士绅来解决,地点就选在茶馆,名叫"吃讲茶",所有在场的茶客都可以听,如有不公之处任何人可以参与意见,调解结束,理亏的一方付全堂茶钱。茶馆起到了民间法庭的作用。

后来,这种方式在民间流传。每当有民事纠纷发生后,第一步往往是民间调解,由当时管辖部门请有威信且为双方认可者充当仲裁者,双方坐在饭店或茶馆内陈述理由,最后由仲裁者定案,茶资由理亏的一方支付。这渐渐成了民间司法的一种优良传统。

三、婚俗

茶在民间婚俗中历来是"纯洁、坚定、多子多福"的象征。早在唐代就将茶作为高贵礼物送女子出嫁,到宋代有了"吃茶"订婚之说。之后,"吃茶"又成为男女求爱的别称。在江南常以西湖龙井茶作为婚俗中不可或缺的重要形式。在婚姻礼仪中,有"三茶六礼"之说,"三茶"即订婚时的"下茶"、结婚时的"定茶"、同房合欢见面时的"合茶"。只有经过"三茶"和"六礼"手续成婚,才算是明媒正娶的。

过去,男方随媒婆或父母到女方家提亲、相亲,女方的父母就习惯叫待字闺中的女儿端茶待客,茶杯斟满后,依辈分次序分送到男方亲客手中,由此拉开了"相亲"的序幕。男方家人乘机审察姑娘的相貌、言行和举止，姑娘也暗中将未来的夫君打量一番。当男方到女家"送定"（定亲）时，由待嫁女端甜茶（民间叫"金枣茶"），请男方的来客品尝。喝完甜茶，男方的来客就用红纸包双数钱币回礼，这一礼物叫"压茶瓶"。到了娶亲这一天，男方的迎娶队伍未到女家，女家就要请吃"鸡蛋茶"（甜茶内置一个脱壳煮糖的鸡蛋）。

男方婚宴后，新郎、新娘在媒婆或家人的陪伴下，捧上放有蜜饯、甜冬瓜条等"茶配"的茶盘，敬请来客，此礼叫"吃新娘茶"。来客吃完"新娘茶"要包红包置于茶杯作为回礼。结婚成亲的第二天，新婚夫妇合捧"金枣茶"（每一小杯加两粒蜜金枣），跪献长辈，这就是民间著名的"拜茶"，也是茶礼在婚事中的高潮。倘若远离故乡的亲属长辈不能前往参加婚礼，新郎家就用红纸包茶叶，连同金枣一并寄上。

民间之所以兴茶礼，是因为，人们认为茶树是缔结同心、至死不移的象征。明代许次纾在《茶疏》中说："茶不移本，植必子生。"古人结婚以茶为礼，取其"不移志"之意。

四、祭神

茶乡在除夕之夜请年菩萨时，要把每年采的头茶作供品，祈求神灵保佑来年风调雨顺、茶叶丰收。大年初一清晨，每家每户由男人先起床，冲上一杯新茶，并拿两个糯米金团，放在灶神堂前，供祭天地神灵。新茶采摘前，先要祭山神，开摘之日，全家吃青团子。第一锅新茶炒制完成，将第一杯新茶敬供山神菩萨。

后 记

西湖龙井茶作为中国绿茶的代表，历来为人们所喜爱。关于西湖龙井茶的著述、文章，历来也多有出版成册或见诸历史文献和报端。但是，从"西湖龙井茶采摘和制作技艺"角度切入的撰述却相对较少。"西湖龙井茶采摘和制作技艺"已被列入国家级非物质文化遗产保护名录，本书作为"浙江省非物质文化遗产代表作丛书"之一，自然必须以"采摘和制作技艺"为主要着眼点。因此，内容、结构和其他述介西湖龙井茶的著作会有所不同。这也许正可以体现她的特有价值。

由于"浙江省非物质文化遗产代表作丛书"的严肃性及"西湖龙井茶采摘和制作技艺"的高度实践性，本书在撰写过程中十分重视第一手资料的搜集和整理，力求所述内容真实可信。但是由于历史文献浩如烟海，生产、生活实践过于丰富、繁细，并非短时间内可以全面把握，且囿于编著者的学识和水平，书中的错漏、谬误肯定多有存在，还请各位方家及广大读者批评指正。

本书以"国家级非物质文化遗产代表作名录——西湖龙井茶采摘和制作技艺"申报材料为基础，部分内容参考、引用了有关作者的撰述成果（主要有杭州市西湖区政协编撰的《龙井问茶》、西湖区地方志办公室编撰的《西湖龙井茶史话》和西湖区民间文学集成办公室编纂的《中国民间文学集成·浙江省杭州市西湖区故事、歌谣、谚语卷》）及有关作者撰写的文章，在此表示感谢。另外，本书审稿专家王其全老师认真审稿，给我们提出了宝贵的建议，我们也由衷地感谢。入编的文章，均保留原作者署名；录用的照片，有摄影者或提供者姓名的均保留署名，以示对作者和提供者著作权的尊重。

本书编委会

主　　　任　郑荣胜

常务副主任　王立华

副　主　任　谭　飞　卢华英　张利群　蔡　茜

主　　　编　魏小平

副　主　编　蔡云超

执 行 主 编　厉剑飞

编　　　辑　（以姓氏笔画为序）

　　　　　　万维泉　王　校　边国饶　齐志刚

　　　　　　宋　静　张俊杰　冼郭伟　洪莉华

　　　　　　俞丽芳　商建农

文字编辑：方　妍

装帧设计：任惠安

责任校对：程翠华

责任印制：朱圣学

装帧顾问：张　望

图书在版编目（ＣＩＰ）数据

西湖龙井茶采摘和制作技艺 / 魏小平，蔡云超主编；厉剑飞编著. --杭州：浙江摄影出版社，2012.5（2023.1重印）

（浙江省非物质文化遗产代表作丛书 / 杨建新主编）

ISBN 978-7-5514-0043-5

Ⅰ.①西… Ⅱ.①魏… ②蔡… ③厉… Ⅲ.①茶叶—采收—介绍—杭州市②制茶工艺—介绍—杭州市Ⅳ.①S571.1②TS272

中国版本图书馆CIP数据核字（2011）第269825号

西湖龙井茶采摘和制作技艺
魏小平、蔡云超 主编　厉剑飞 编著

全国百佳图书出版单位
浙江摄影出版社出版发行
　　　地址：杭州市体育场路347号
　　　邮编：310006
　　　网址：www.photo.zjcb.com
经销：全国新华书店
制版：浙江新华图文制作有限公司
印刷：廊坊市印艺阁数字科技有限公司
开本：960mm×1270mm　1/32
印张：5.25
2012年5月第1版　2023年1月第2次印刷
ISBN 978-7-5514-0043-5
定价：42.00元